JN170442

絵で見るシリーズ

調べてなるほど！

野菜のかたち

絵と文
植物イラストレーター
柳原明彦

監修
京都大学大学院農学研究科教授
縄田栄治

はじめに

農業に縁のないただの絵かきのくせに野菜の本を書くのか、だって？　ちがうんだ。本は一人では作れない。大勢の仲間が力を合わせて一冊の本を作る。この本も、農学者の縄田栄治先生や、出版社の人たちと協力して、みんなで作ったんだ。ぼくはイラストと語りを担当しただけだ。

イラストレーターは、同じ絵かきでも、ゴッホやルノアールのような画家とはだいぶちがう。何かのかたちや色をその通り絵にして、正しく伝えるのが仕事だ。だからその何かをよく知らないと描けない。例えばセロリなら、調べると三つ葉に近いとわかる。だったら葉っぱのじくはふしのところで３本ずつに分かれているように描くのだな、となる。

こうしていろいろ調べていると、よく知っているつもりの野菜でも、「へえー、なるほどね」と思うことがよくあるんだ。それが話としてもおもしろいので、じゃあ絵本にしてみようということになったんだ。

さて、野菜の話だけれど、何からはじめようかな。まず葉っぱや花芽を食べる野菜のことを話して、次に新芽を食べる野菜、実を食べる野菜、そして根っこを食べる野菜だ。それぞれの野菜の収穫量も調べておいたから、日本と世界の収穫量を比べてみるとおもしろいよ。日本の農林水産省と、国際連合食糧農業機関（ＦＡＯ）の統計を引用したから、数字はたしかだ。

ここに出てくるのは、日本人がよく食べる主な野菜だけだ。みんながよく知っている野菜ばかりだよ。でもね、知っているようで知らないことが、大人でも案外ある。「へえー、なるほどね」と思ってくれたら、縄田先生もぼくも、この本を作った人たちみんな、とてもうれしい。

植物イラストレーター
柳原 明彦

監修のことば

この本は、柳原明彦さんが絵を描き、文章を書いてできたものです。柳原さんは、それぞれの野菜をよく観察して、特徴をつかんで絵を描いて、その野菜にまつわるいろいろな話を紹介しています。この本に描かれた絵は本当に精巧で、写真より実物の特徴を伝えていますし、話も君たちが日ごろ食べている野菜がどこから来たのかとか、他の国でどういうふうに食べられているかとか、本当におもしろいので、君たちもきっと楽しめると思います。

柳原さんは元大学の先生で、工業デザインの専門家ですから、絵と文章は得意です。しかし、野菜は専門でないので、書いたことが本当に正しいかどうかを確認するために、私が柳原さんといっしょに、野菜の絵を見て、文章を読んで、本の内容を確かめました。だから、この本はすごくおもしろく出来上がったと思いますし、君たちが楽しみながら、さらに勉強にもなること、うけあいです。

京都大学大学院農学研究科教授
縄田 栄治

もくじ

キャベツ　甘藍

アブラナ科　***Brassica*** 属
Brassica Oleracea 種 の変種
英名　**Cabbage**

むらさきキャベツ
赤キャベツともいう。

ふつうのキャベツ
日本語名は「かんらん」

ヨーロッパ生まれの人気者

西ヨーロッパの地中海や大西洋の海辺の荒れ野を歩いていると、オレラケア（ヤセイカンラン）という野草を見かけることがある。古代ローマ人も食べていたという、だいこんの葉っぱに似たアブラナ科の野草だ。キャベツは紀元前の大昔、その草から突然生まれたと考えられている。はじめはこんなかたちではなかったんだ。祖先のオレラケアと同じように、葉が一枚ずつばらばらに分かれていた。それを人びとが農作物として育てはじめ、やがてヨーロッパ中に広まって、長い間に作り変えられて玉のようなかたちになったんだ[注]。

キャベツが日本に伝わったのは江戸時代の末だ。外国との交易をしていた長崎に、オランダ人が持ち込んだんだ。はじめは日本に来る外国人のためで、日本人は気味悪がって食べなかったそうだ。明治７年（1874年）に、東京の三田育種場というところで、はじめて本格的な栽培をはじめたけれど、日本食には合わなくて、あまり売れなかったらしい。第二次世界大戦（1939〜1945年）のあと、洋風の食生活がはやり出すと、急によく売れだして、今では大根と生産量２位をあらそう人気者だ。え？　じゃあ１位はなんだって？　じゃがいもだよ。

注：玉のようなかたちになることを、難しい言葉で「結球する」という。

原産地　ヨーロッパ
日本への伝来　1850年代
オランダから
収穫量（2013年公表）

日本全体		144.3万トン
1	愛知県	26.3
2	群馬県	26.0
3	千葉県	12.9
世界全体		7143.7万トン
1	中　国	3170.0
2	インド	853.4
3	ロシア	332.9

国際連合食糧農業機関（FAO）の世界統計は白菜を含む。

さといもの葉の上の水玉

天然の工芸品

キャベツを見ると、どうしてこんなに美しい玉になるのか、いつも不思議に思うんだ。まるでさといもの葉の上の水玉のような、みごとな水玉形だ。

手工芸の技術に「鍛金」というのがある。銀や銅などの金属の板を金づちでたたいていろんなかたちを作る、職人技だ。一人前になるのに十年はかかる。ところがキャベツは、まるで腕利きの鍛金職人のように、張りのある水玉形をみごとに作ってしまう。一体どうやるのだろう。縄田先生に聞いてみた。

キャベツはもともと畑で冬を越して春に花が咲く植物だ。今は1年中育てているけれどね。だから、新しい葉や花芽が生まれるまんなかを、冬の寒さから守るために結球する。冬が長いヨーロッパで、長い間に人間が寒さにたえられるかたちに作り変えたんだ。新しい葉がのびるとき、成長ホルモンが葉の外側に集まって、外側が内側よりもよくのびる。銀の板をたたいて少しずつ曲げるように、のびながら少しずつ内側へ巻き込むんだ。天然の鍛金細工だよ。

結球してからも中で新しい葉が生まれ続け、押し合いになる。だからあんなにかたくしまった玉になるんだ。半分に切ってみるとその様子がよく見える。

まわりの葉っぱはかたくて食べられない。でも、キャベツにとっては大事なところだ。ここで太陽の光を受けて、水と空気中の炭酸ガスから養分を作る。光合成といって、長い間化学者がまねをしようとしてできなかった化学反応だ。もしも光合成が人工的に大規模にできるようになったら、人類は太陽光発電に匹敵するクリーンエネルギーを新しく手に入れることになる[注]。

こうして養分がたまると、玉が開いて中から長い茎が何本も出てくる。その先に、なのはな（あぶらな）に似た黄色い花や、白い花が、まるで花火大会の吹き上げ花火のように、はでに咲く。キャベツが一生の最後にふさわしい晴れ姿を見せるんだよ。そして花火が消えるように、枯れてしまう。でも、あとにはちゃんと、数えきれないほどたくさん種を残すんだ。

注：2011年、日本の豊田中央研究所が、世界ではじめて人工光合成の実験に成功した。

キャベツの一生

半年たらずで一周する。

しばらくすると、葉の数が増え、中の葉が立ち上がって、ばらの花のようなかたちになる。

やがて中の葉が結球する。玉がしっかりかたくなったら収穫する。まわりの葉も入れると、子どもには抱えきれないほど大きくなる。

日本の野菜は一代かぎり

昔の農家は、種を自分の畑で育てていた。ところが今は、ほとんどの農家は種苗会社から毎年種を買うんだ。種苗会社は、ハウスの中や外国の広い土地で、ちがう親同士をかけ合わせて、性質のすぐれた一代かぎりの野菜の種を作る。Ｆ１（雑種第一代）というんだ。Ｆ１は性質はすぐれているけれど、実った種をまいて育てても、親とちがうものやへんなものが出てきて、一代目のようなつぶぞろいの野菜はできない。今では日本の農家が市場に出荷する野菜の９割近くがＦ１だよ。

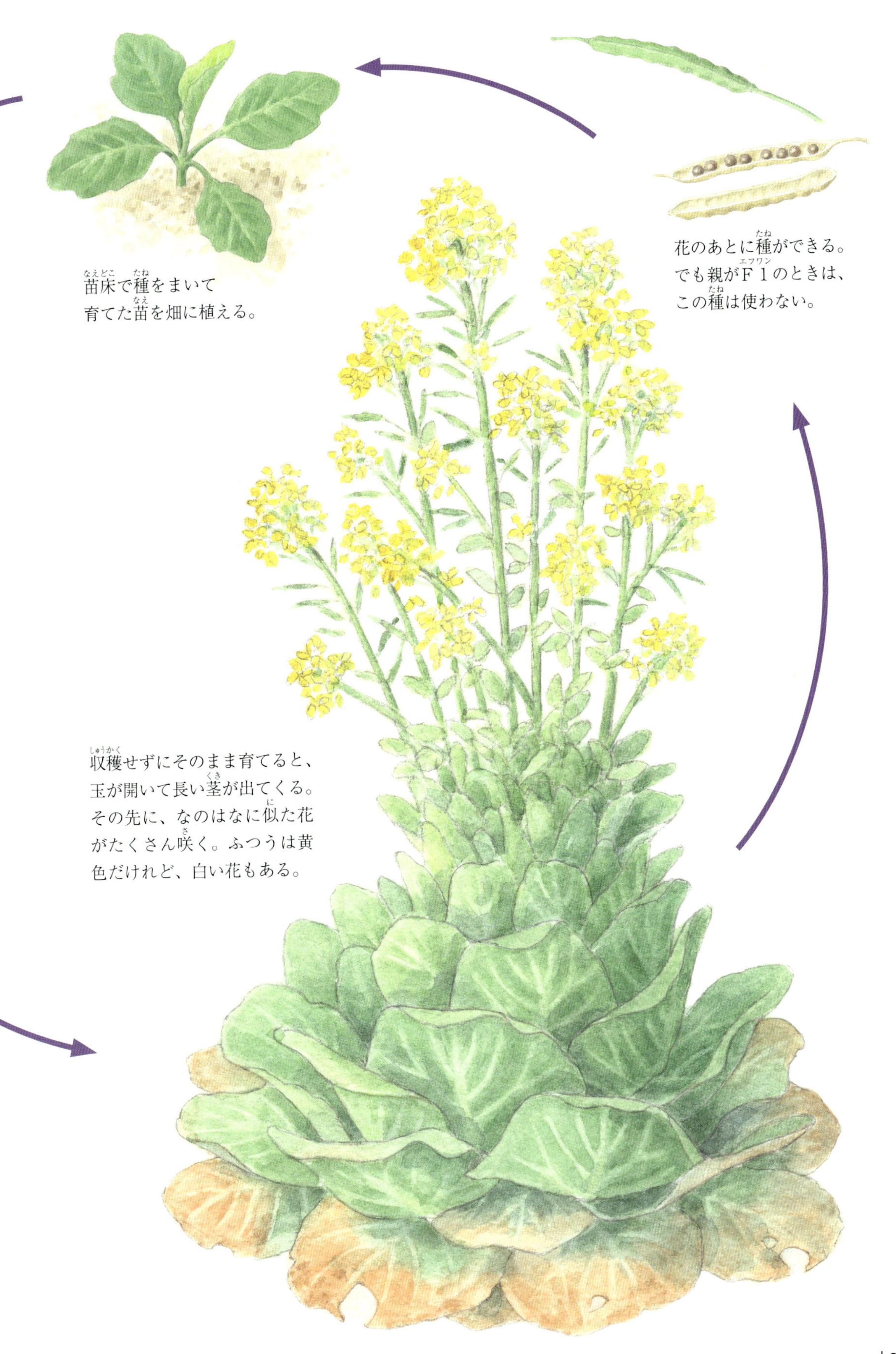

苗床で種をまいて
育てた苗を畑に植える。

花のあとに種ができる。
でも親がＦ１のときは、
この種は使わない。

収穫せずにそのまま育てると、
玉が開いて長い茎が出てくる。
その先に、なのはなに似た花
がたくさん咲く。ふつうは黄
色だけれど、白い花もある。

はくさい　白菜

アブラナ科　***Brassica*** 属
Brassica rapa 種 の変種
英名　**Chinese cabbage**

たけのこ白菜

白菜はかぶの仲間

白菜はかぶの仲間だ、なんていうと、そんなのうそだと思うだろう。じつは大昔の中国で「パクチョイ」という野菜とかぶがかけ合わさって生まれたんだ。パクチョイもかぶの仲間だから、その子の白菜もかぶの仲間ということになる。パクチョイは中国に古くからある野菜で、日本のちんげんさいもその一種だ。

はじめは今のような細長い玉ではなく、ちんげんさいのようなかたちだったそうだ。絵のような結球する品種（結球白菜という）が現われたのは、17 世紀前後といわれている。中国の人たちが千年かけて作り上げた芸術品だ。

「たけのこ白菜」という、たけのこのように細長いものも、中国で生まれたんだ。なんだかロケットが空を飛んでいるように見えるなあ。あの小惑星探査機「はやぶさ」がオーストラリアの空で燃えつきたときも、H‐ⅡAが静止気象衛星「ひまわり８」を種子島から打ち上げたときも、こんな感じだった。

人間の目、というか感性って、おもしろい。ぜんぜん関係ないものがとてもよく似ているように見える。白菜がロケットに見えたり、ねぎの花が坊主頭に見えたりする。雲がわたあめに見えたりカリフラワーに見えたりする。これは「心で見ている」からで、とても大切なことなんだよ。目で見て観察するのと、心で見て感じるのとは、どっちが欠けてもだめなんだ。絵を描くときもそうだ。目でよく観察して、その通りに画用紙に描き写すだけなら、カメラを使えばいい。心で見たことも描くから、絵はおもしろい。

結球白菜

ちんげんさい

1970年代に中国から伝わった野菜で、パクチョイの一種だ。英語でグリーンパクチョイというように、ちんげんさいはじくも緑色だけれど、中国で白菜を生んだパクチョイは、じくのところがまっ白だ。日本ではあまり売っていない。

日本では作り続けるのに苦労した

白菜が中国から日本に伝わったのは、江戸時代のはじめだ。でも何度やってもうまく続かなかったんだ。白菜は、ほかのアブラナ科の植物との雑種がとてもできやすく、まじりけのない二代目、三代目の種ができなかった。むずかしい言葉で「交雑しやすい」というんだ。実った種をまいて育てても、結球せずにちんげんさいのようになってしまったり、もとの白菜とちがうものが出たりして、売物にならなかったんだ。交雑でそうなることもはじめはわからなかった。

明治の末から大正（1900年ごろから1924年ごろ）にかけて、やっと宮城県の沼倉吉兵衛という人が、中国から入れた結球白菜を安定して何代も作り続けることに成功したんだ。沼倉さんは交雑を避けるにはどうしたらいいかと考えて、宮城県の松島湾にある「馬放島」という小さな無人島で、種を栽培することにしたんだ。本土にはアブラナ科の植物がたくさんあったけど、その花粉を運ぶちょうやみつばちは海を渡らないからだ。沼倉さんは、仲間といっしょに馬放島に生えていたアブラナ科の植物をさがして歩いて、片っぱしからぬいてまわったという話が残っている。１本でも残っていたら、その花粉が白菜の花にくっついて交雑するからさ。

沼倉さんたちのおかげで、今では日本の育種技術は世界に誇れるんだ。いい種を栽培する技術だけではない。品種改良といって、ちがう性質の品種をかけ合わせて、今までにないおいしい品種や、病気になりにくい品種、たくさん収穫できる品種に作り変える技術は、日本はとてもすぐれている。日本のお米がこんなにおいしいのは、すぐれた品種改良の技術のおかげなんだ。

原産地　中国
日本への伝来　江戸時代初期 中国から
収穫量（2013年公表）

日本全体		92.1万トン
1	長野県	23.4
2	茨城県	23.3
3	群馬県	3.0

欧米各国では、白菜のことを「中国のキャベツ」と呼んで、統計上もキャベツに含める。そのため、白菜だけの世界の統計が見当たらない。

白菜の花

なのはな（あぶらな）もキャベツも白菜も同じブラシカ属だから、花はどれもとてもよく似ている。

白菜の冬支度

白菜のまわりの葉っぱはかたくて食べられない。でも役には立つ。白菜は冬に収穫することが多い。冬が来る前に、まわりの葉で中を包んで、ひもでしばっておく。すると霜がおりても雪が降っても中はしおれも枯れもしないし、白くてやわらかい白菜になるんだ。わらをかぶせておく方法もある。

畑の白菜
もったいないけれど、
食べるのはまんなか
だけだよ。

カリフラワー　花甘藍、ブロッコリー

アブラナ科　***Brassica*** 属
Brassica oleracea 種の変種
英名　**Cauliflower、Broccoli**

ブロッコリー

カリフラワー
ケールの花という意味。はでな黄色や赤、オレンジ色、黄緑、むらさきなどの変わった品種もある。

生まれはどこだ

カリフラワーとブロッコリーは、ケールという野菜から生まれたという説や、キャベツ（6ページ）のところで話したオレラケアから生まれたという説など、いろんな説があるんだ。両方とも、いつごろどこで生まれたかもはっきりわかっていない。でも、古代ローマの人びとがケールやキャベツの花のつぼみを食べていたことが、紀元前540年ごろの記録に残っている。だから、ローマ人がケールやキャベツを育てていたら、突然変異でもっとおいしいつぼみが現われ、それが長い間に改良されてカリフラワーやブロッコリーになったと考える人が多いんだ。

「突然変異」とは、両親から生まれるはずのない新しい性質を持った子が、突然生まれることをいうんだ。動物や植物が何億年もの長い間に進化したのは、突然変異のおかげだ。これとは別に、交雑でも新しい性質の動植物が生まれる。自然界でも起こるし、人間が人工的に交雑させて（交配するという）、自然界にはない動植物の仲間を作ることも多い。今の世界中の野菜のほとんどがそうだよ。

原産地　不明　いろんな説がある
日本への伝来　1870年ごろ
ヨーロッパまたはアメリカから
収穫量（2013年公表）

	カリフラワー		ブロッコリー
日本全体	2.18万トン		13.75万トン
1 徳島県	0.26	北海道	2.26
2 茨城県	0.24	愛知県	1.57
3 愛知県	0.21	埼玉県	1.49

世界全体	2227.9万トン
1 中　国	910.0
2 インド	788.7
3 スペイン	54.1

世界の統計には両方が含まれる。

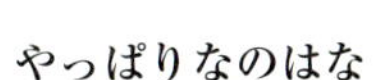
やっぱりなのはな
収穫せずに育てると、茎のところがのびて、キャベツそっくりの花が咲くんだ。一輪だけつんでくらべたら、どっちの花か区別できない。

30万個以上のつぼみの集まり

カリフラワーもブロッコリーも、花のつぼみを食べる野菜だということは、さっき言ったね。じゃあ、つぼみがいくつぐらいあるか、知っているかな。

ブロッコリーは、一株に4万個ぐらいあるそうだ。これで驚いてはいけない。カリフラワーは、なんと、一株に30万個から60万個ぐらいのつぼみのもと[注]があるそうだ。カリフラワーの研究で世界的に有名な藤目幸拡博士が、顕微鏡で数えたんだ。もちろん、ぜんぶのつぼみのもとが花になって咲くのではないよ。よく育ったのだけが咲くんだ。

ＮＨＫのテレビ番組でカリフラワーのことを特集していたことがあって、あれは生で食べるのがいちばんおいしいという話になった。番組に出演している人がおそるおそる生でかじって、全員がおいしいのでびっくりしていたよ。ぼくも食べてみたけれど、本当だった。欧米では生で食べる人が多く、カリフラワーのほうがブロッコリーよりずっとよく売れているそうだ。

カリフラワーとブロッコリーが日本に伝わったのは、明治時代のはじめ（1870年ごろ）だ。でも、日本食に合わないのでぜんぜん売れなかった。キャベツと同じで、第二次世界大戦のあとに日本人の食生活が洋風になって、やっとよく売れるようになったんだ。はじめはカリフラワーのほうがはるかによく売れていた。当時は白い野菜に人気があったからだ。でも緑黄野菜といって、緑色の野菜が人気の今は、ブロッコリーがカリフラワーの6倍近くも売れている。

注：花芽原基というつぼみのもとになる組織の数。つぼみになるのは、この10分の1から20分の1。

場所とりの野菜

育てるのにこんなに場所をとる。
葉っぱはかたくて食べられない。

フラクタル図形の例

大小の三角形が無限に
くり返される。

ロマネスコ・ブロッコリー
単に「ロマネスコ」ともいう。
カリフラワーの変種なんだ。

大自然が作った造形作品

くいしんぼうのイタリア人は、いろんな野菜をおいしい新品種に作り変えるのがうまいんだ。トマトの改良も有名だけれど、カリフラワーとブロッコリーの雑種も交配をくり返して作ってしまった。16世紀ごろに、ローマの近くで生まれた「ロマネスコ・ブロッコリー」という変わったかたちの野菜だ。

小さなつぼみが規則正しく集まって、小さな円錐形（富士山のようなかたち）を作る。それらがさらに規則正しく集まって、中くらいの円錐形になる。それがまた同じように並んで、大きな円錐形になる。大小の同じかたちが何度もくり返される。こういうのを「フラクタル」というんだ。コンピューターと３Ｄプリンターがないと作れないようなフラクタルの立体を、大自然は簡単に作り上げてしまった。イタリア人は交配でその手助けをしただけだ。自然ってすごいことをするね。

ロマネスコ・ブロッコリーは、今では日本でも栽培している。カリッコリーとか、カリブロ、サンゴ礁、やりがい君、などというおもしろい名前で売っている。じつはこれ、絵かき泣かせの野菜なんだ。なぜか、わかるかな？　その答えはまたあとで（35ページ）。

レタス　萵苣

キク科　***Lactuca*** 属
Lactuca sativa 種
英名　**Lettuce**

玉レタス（品種名）

レタスは「きく」の仲間

レタスは、奈良時代（710〜794年）には、もう中国から日本に伝わっていたんだ。昔はレタスではなく「ちしゃ」と呼んでいた。レタスと呼ぶようになったのは、戦後アメリカから玉レタスやサニーレタスなどの新しい品種が伝わってからだ。

その玉レタスを見ると、キャベツの仲間かと思うだろう。ところがどっこい、ぜんぜん関係ない。レタスはきくの仲間なんだ。その証拠に、きくの花に似た花が咲く。ということは、植物も動物も、姿かたちがよく似ていても仲間とはかぎらないんだ。

仲間かどうか見分けるには、タイトルの下に書いてある分類名を見ればいい。すべての生物は、世界共通のやりかたで**分類名**を決めてある。植物も国際植物命名規約という約束があって、ＤＮＡを調べたりして分類名を決めるんだ。まず動物界、植物界など、いくつかの**界**に大きく分ける。次に**門**、**綱**、**目**、**科**、**属**、**種**と、だんだん細かく分けていくんだ。それぞれをさらに細かく分けることもある。レタスの分類名は「植物界被子植物門双子葉植物綱キク目キク科 ***Lactuca*** 属 ***Lactuca sativa*** 種」だよ。種名の前半に属名をくり返すというルールがある[注1]。「山田家の山田花子さん」というのと同じさ。つまり種名がその生物の氏名だ。

ラテン語で書いた分類名は**学名**とも呼ばれ、全世界で通用するんだ。同じ種の生物をさらに細かく分けたのが**品種**だけれど、品種名は学名には入れないことになっている。この本では、属名と種名だけをラテン語名で書くことにしたんだ[注2]。日本語の属名や種名（レタスの場合はアキノノゲシ属チシャ種）もあるけれど、縄田先生の話だと、日本語の属名や種名は正確ではないことがあるからだ。

注1：分類名（学名）のうち、属名と種名はイタリック体（ななめ文字）で書くというルールもある。

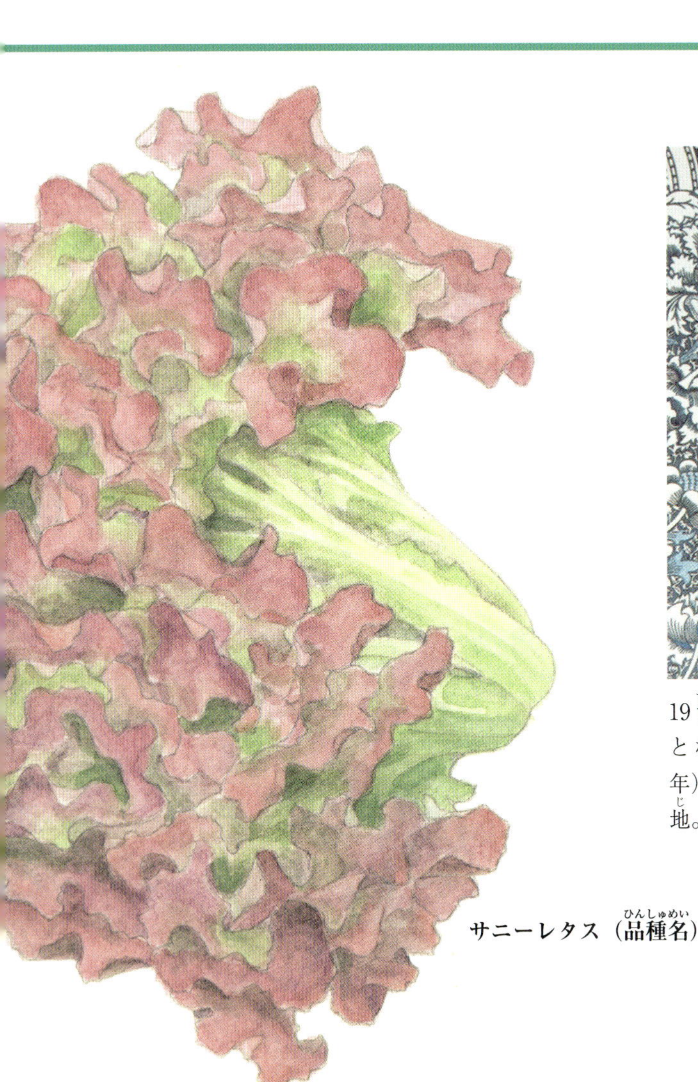

サニーレタス（品種名）

19世紀末からのアール・ヌーボーのさきがけとなった、ウィリアム・モリス（1834～1896年）というイギリスの工芸家がデザインした布地。ひらひら模様とくねくねの線が見える。
〔ウィリアム・モリス博物館の資料より〕

アール・ヌーボーな野菜

サニーレタスのひらひらを描いていると、アール・ヌーボーを思い出すんだ。アール・ヌーボーは、19世紀末から20世紀にかけてヨーロッパで大はやりした、美術や工芸や建築のスタイルのことだ。植物のひらひらくねくねした姿を取り入れて、美しい工芸品やポスター、日用品、建築物やそのかざりなどを街中にあふれさせた時代だ。とにかくひらひらくねくねが好きで、植物のつるや葉がデザインのいい材料になったんだ。フランスのパリへ行くと、今でもそんな建物や門、歩道のさくや街灯がたくさん残っているよ。

スペインのバルセロナという街には、ガウディという有名な建築家が建てたおもしろいかたちの建物がたくさん残っている。ガウディも、植物のくねくねしたかたちをさかんに建物のデザインに取り入れた人だ。中でも有名なのはサグラ・ダ・ファミリアという教会だ。ガウディが亡くなってからも延々と工事を続けていて、いつ完成するか見当もつかないというからあきれる。この教会へ行ってよく見まわすと、まるでサニーレタスのようなくねくねした石の彫刻があちこちに見つかるよ。工事中でも中へ入れるんだ。

注2：ラテン語名の読みかた（発音）は、実際は国によってまちまちで、いろんな読みかたをする。

宇宙野菜

宇宙ステーションでもレタスを栽培しているよ。2013年、アメリカの宇宙飛行士が宇宙ではじめての栽培に成功したんだ。養液栽培といって、土を使わず、水と薬と肥料だけで育てた。太陽のかわりに光はＬＥＤを使ったんだ。地球から生の野菜を運ぶより安上がりだし、育てるのは乗組員の楽しみでもあるからね。近い将来の火星旅行や月面基地での生活も考えて実験しているそうだよ。

かきちしゃ

中国から伝わった「ちしゃ」の子孫。葉っぱだけを下から順にかき取るので、「かきちしゃ」というんだ。だから残った茎が見えている。韓国では、同じものをサンチュと呼んでいるよ。焼肉を包んで食べるとおいしい。

原産地	地中海沿岸 西アジア
日本への伝来	奈良時代以前 中国から
収穫量（2013年公表）	
日本全体	56.6万トン
1　長野県	19.5
2　茨城県	8.6
3　群馬県	5.5
世界全体	2489.6万トン
1　中　国	1350.0
2　アメリカ	358.6
3　インド	108.0

レタスの花
品種によって花の色がちがう。青むらさきはめずらしい。

山くらげ
セルタスという、茎を食べるレタス。ステムレタス、アスパラガスレタスともいう。ゆでたり生で食べることもあるけれど、ふつうは細くさいて干したのを保存食として売っている。この干したのを山くらげというんだ。水でもどして調理すると、コリコリとくらげのような歯ごたえがあって、とてもおいしい。くらげって食べたことあるかな？

セルタス（ステムレタス）

ほうれんそう　菠薐草

ヒユ科 アカザ亜科　***Spinacia*** 属
Spinacia oleracea 種
英名　**Spinach**

西洋種
葉っぱの先が丸い。ぶあつくて、油炒めなどに向く。

東洋種
葉っぱにぎざぎざがある。あつさがうすいので、おひたしなどに向く。

ペルシャの草

ほうれん草の「ほうれん」は、漢字で書くと「菠薐」だ。大人でも、見たことがある人がほとんどいない、めずらしい漢字だ。中国語で「ペルシャ」のことだよ。つまり、ほうれん草はペルシャの草という意味なんだ。ペルシャは、紀元前６世紀ごろから、今のイランのあたりで栄えた王国の名前だ。高い文明を誇り、一時はエジプトまで領土をひろげていた巨大王国だ。

ペルシャで生まれたほうれん草は、東はシルクロードを通って中国に伝わり、西は北アフリカを通ってヨーロッパに伝わったんだ。何百年もかかって、長い長い旅をしたんだよ。24～25ページにその地図がある。

日本には、ペルシャから東へ伝わって中国で改良された東洋種が江戸時代のはじめに伝わったんだ。西へ伝わってヨーロッパで品種改良された西洋種も、あとから伝わってきた。葉っぱにぎざぎざがなく、葉先が丸いのが特徴だ。でも、今の日本で売っているのは、ほとんどがあとでアメリカや日本で改良した新しい品種だ。昔の東洋種や西洋種は、今はほとんど売っていない。

原産地	ペルシャ
日本への伝来	江戸初期に中国とヨーロッパから

収穫量（2013年公表）

日本全体	26.4万トン
1　千葉県	3.6
2　埼玉県	3.0
3　群馬県	2.2
世界全体	2323.2万トン
1　中　国	2106.8
2　アメリカ	33.6
3　日　本	26.4

改良した新品種
東洋種や西洋種を、アメリカや日本で改良した新しい品種。かたちも食感も両方の特徴を持っている。

壮大なドラマ（1）

ほうれん草が旅をしたあとを調べると、いろんなことがわかるんだ。途中で立ちよった土地にそのまま根づいてしまったほうれん草から、旅の道すじがわかる。東洋種の祖先が中国まで旅をした道すじをたどると、シルクロードの交易がどのあたりまでひろがっていたかがわかる。西洋種の祖先がヨーロッパへ旅をした道すじが、地中海の北側ではなく北アフリカを通っていて、それを伝えたのがイスラム教徒だったとわかるんだ。

こんな例はほかにもある。縄文時代（約1万年前〜紀元前10世紀）の遺跡から、プラント・オパールという、稲の葉の成分が残ったものが出てくるんだ。それを詳しく調べると、その稲のルーツがわかる。朝鮮半島の稲と同じだとすると、稲を育てる技術は、原産地の中国から朝鮮半島を通って日本に伝わってきたと考えられる。もっと想像すると、その遺跡に住んでいた人びとは、もしかしたら稲を育てる技術とともに、朝鮮半島から日本に渡ってきた人たちかもしれない。

もし、その稲のルーツが東南アジアだとすると、縄文人は東南アジアから船で渡ってきた南洋の民族かもしれない。文字の記録がなくても、農作物を調べるだけで、壮大な人間のドラマが見えてくるんだ。そんなことを研究する学問を、栽培植物起原学とか作物進化学というんだ。縄田先生は、熱帯アジアの農作物についてそんな研究もしている。ロマンがあって、おもしろいだろうなあ。

農作物が人間の壮大なドラマの研究の手助けになる例は、よくあるそうだよ。稲やほうれん草もそうだけれど、日本で知られているのは、かぶ（102ページ）とさといも（130ページ）だ。

その話は、またそれぞれの野菜のところで話そう。

ほうれん草の旅

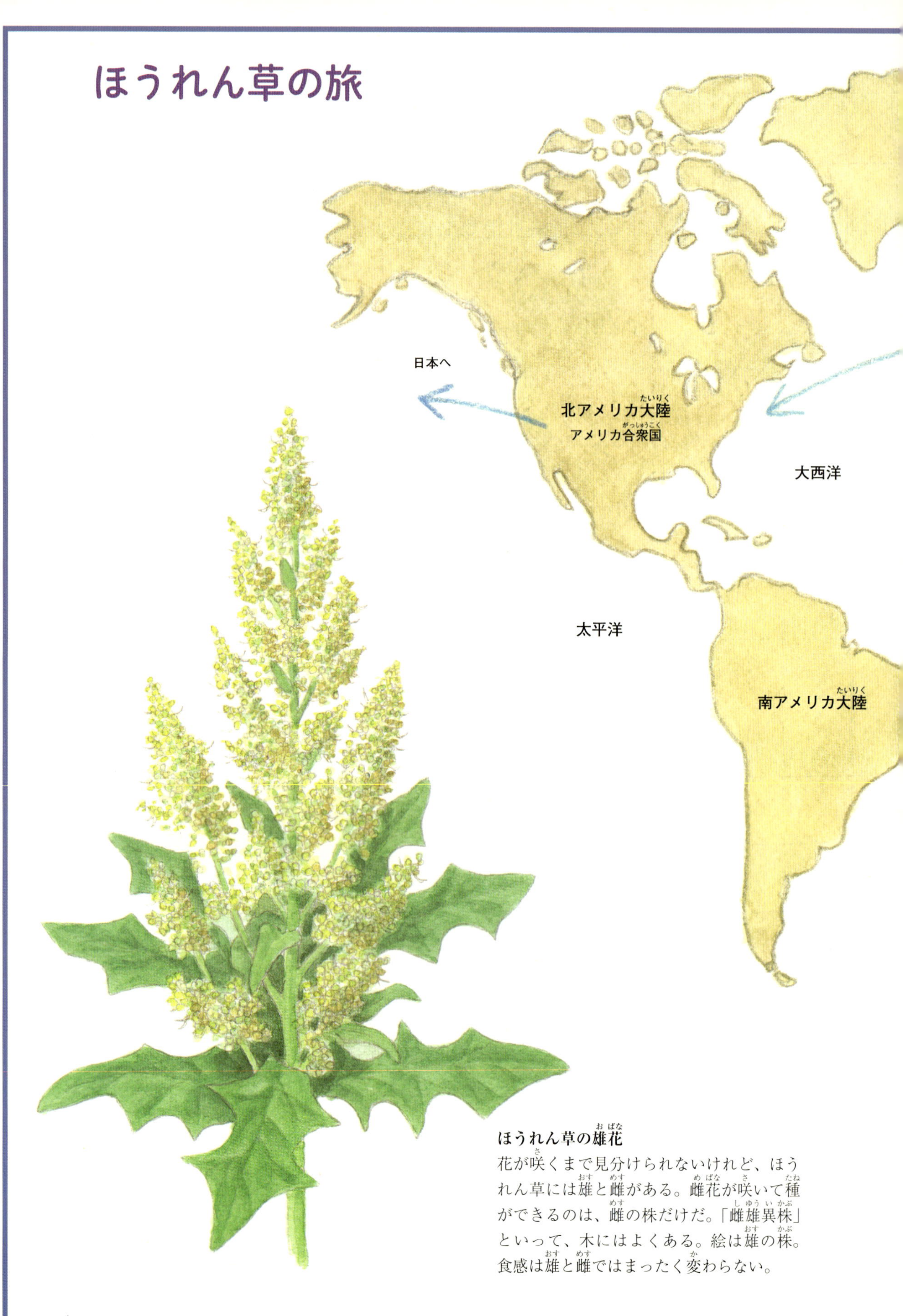

ほうれん草の雄花
花が咲くまで見分けられないけれど、ほうれん草には雄と雌がある。雌花が咲いて種ができるのは、雌の株だけだ。「雌雄異株」といって、木にはよくある。絵は雄の株。食感は雄と雌ではまったく変わらない。

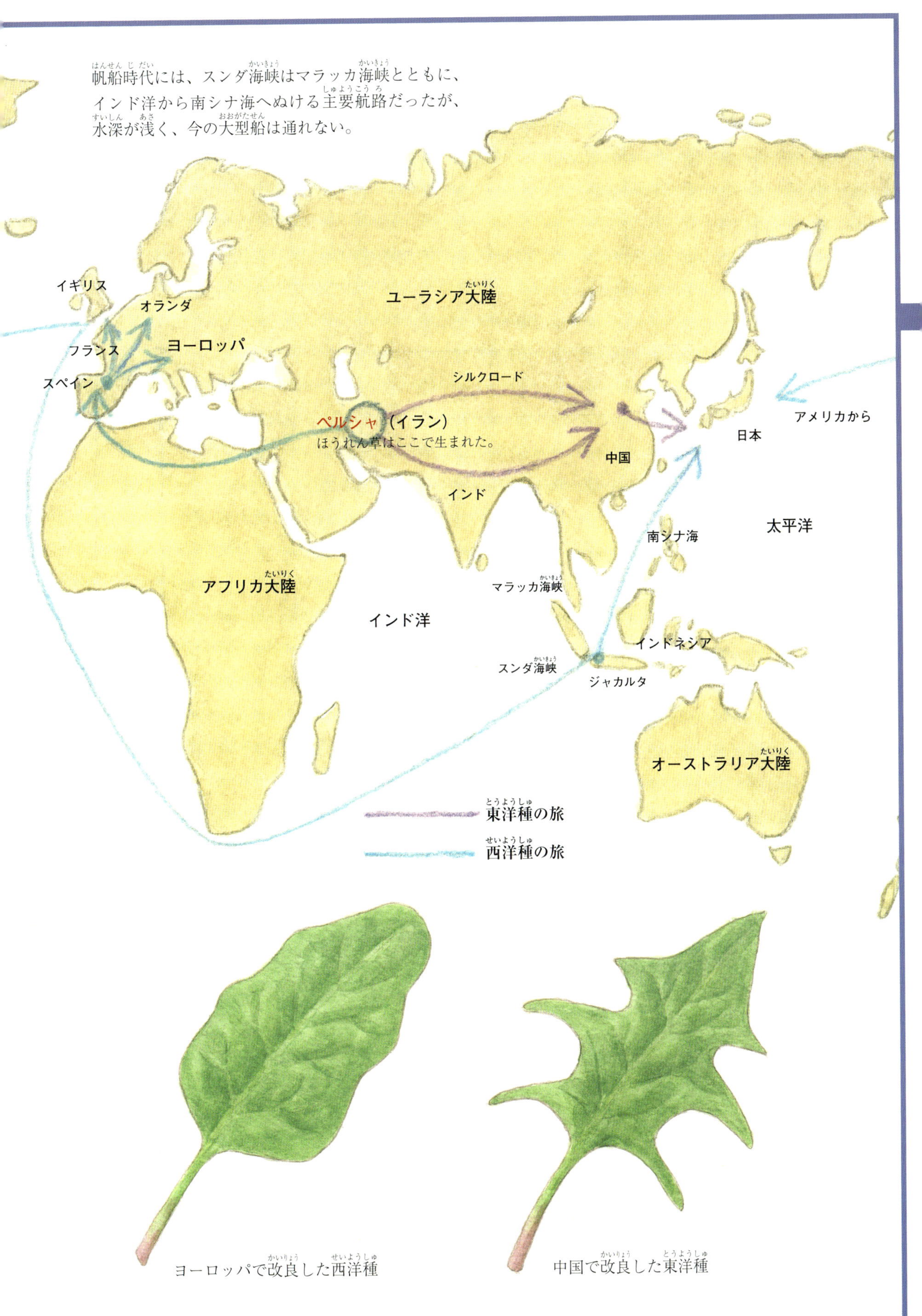
帆船時代には、スンダ海峡はマラッカ海峡とともに、
インド洋から南シナ海へぬける主要航路だったが、
水深が浅く、今の大型船は通れない。
イギリス
オランダ
ユーラシア大陸
フランス
ヨーロッパ
スペイン
シルクロード
ペルシャ（イラン）
ほうれん草はここで生まれた。
アメリカから
日本
中国
インド
南シナ海
太平洋
アフリカ大陸
マラッカ海峡
インド洋
インドネシア
スンダ海峡
ジャカルタ
オーストラリア大陸
東洋種の旅
西洋種の旅
ヨーロッパで改良した西洋種
中国で改良した東洋種

ねぎ　葱

ヒガンバナ科　***Allium*** 属
Allium fistulosum 種
英名　**Welsh onion、Negi**

青ねぎ（九条ねぎ）

関東は白、関西は青

関東では、八百屋さんで「ねぎください」というと、白くて太いのをくれる。緑色のがほしければ、「青ねぎ」とか、「九条ねぎください」といわなければならない。関西で「ねぎください」というと緑色のをくれる。白くて太いのがほしければ、「白ねぎ」とか、「ねぶかください」といわないとだめだ。同じ「ねぎ」でも、東と西ではちがうんだよ。おもしろいね。

なぜそうなったかというと、それが昔からのそれぞれの地方の食文化ということもあるけれど、関東と関西の畑の土のちがいにもよるんだ。

最近は東と西の食文化のちがいが少なくなった。輸送や流通の技術が発達し、人の往来もさかんになったからだ。日本中どこのスーパーへ行っても、白ねぎも青ねぎも同じように並んでいるし、八百屋さんというものがなくなりつつある。それぞれの地方の特色がなくなって、日本中が一色になりそうだよ。

でも一方で、地方の特色を守ろうとがんばっている農家の人たちがたくさんいるんだ。ねぎもそうだ。いろんなところにその地方独特のねぎがある。

下仁田ねぎは、群馬県の下仁田地方で守り続けているねぎだ。甘味があって、やわらかくて、すごくおいしい。江戸時代に江戸に住んでいた殿様たちが気に入って買ったので、「殿様ねぎ」ともいうんだ。28ページに絵がある。

九条ねぎは、京都の九条というところで育てていたので、その名が付いたんだ。九条通りという道に沿って、東寺という有名なお寺がある。そのまわりに、広いねぎ畑がたくさんあったそうだ。今は建物ばっかりで、ねぎ畑なんてどこにもないよ。でも、ちゃんとほかの場所で栽培していて、九条ねぎの伝統をしっかり守り続けているんだ。日本中が一色になるなんてあってはならないからさ。

白ねぎ（ねぶか）

原産地　中国西部　東アジア
日本への伝来　7世紀以前
中国から

収穫量（2013年公表）

日本全体		48.1万トン
1	千葉県	6.8
2	埼玉県	6.0
3	茨城県	4.7

世界全体		428.2万トン
1	中　国	83.0
2	日　本	54.6
3	韓　国	43.0

世界統計は「Negi」以外のグリーンオニオンなども含む。たまねぎやリーキ（西洋ねぎ）は含まない。

グリーンオニオンは根の近くに白いふくらみのある、緑色の細長いねぎ。スプリングオニオンともスカリオンともいう。日本でも少しだが栽培している。

なぜ「青」なんだ

ねぎの葉は緑色なのに、なぜ「青ねぎ」と呼ぶのだろう。ねぎだけではない。本当は緑色なのに、青という言葉はたくさんある。青葉、青のり、青信号、青汁、青虫、青がえる。この本に出てくる野菜でも、ねぎのほかに、青なす（50ページ）、青とうがらし（59ページ）、青首大根（98ページ）。みんな緑色なのになぜだろう。じつはね、昔の日本には「緑」という色の名前そのものがなかったんだ。緑色から青色にかけての広い範囲の色を、ぜんぶ「青」と呼んでいたんだ。それが今も残っているんだよ。日本語だけでなく、中国語をはじめ世界中にそういう言葉がたくさんあるそうだ。

つまりねぎはそれほど古くから日本にあったということだ。日本書紀という8世紀に書かれた歴史書に、中国から伝わったねぎのことが書いてある。それ以来ずっと日本人はねぎが好きで、今では国民一人当たりの消費量は日本が世界でダントツだ。ところがヨーロッパでは、16世紀になってはじめて日本のねぎのような長いねぎが伝わったし、アメリカには19世紀にようやく日本から伝わったんだ。だからヨーロッパやアメリカでは長ねぎはほとんど食べないし、ねぎ（オニオン）といえば玉ねぎかリーキ（西洋ねぎ）という太くて短いねぎのことなんだ。

下仁田ねぎ（殿様ねぎ）
群馬県の下仁田地方で作っている伝統のねぎ。リーキにかたちだけは似ている。これも土をかぶせて育てるのだけれど、種をまいてから収穫するまでに15カ月もかかる。

白ねぎは土をかぶせて白くする

白ねぎは、はじめから白いのかというと、そうではないんだ。緑色のねぎに、途中から土をかぶせて日に当たらないようにする。すると日に当たろうとして、白いところが土の中でのびるんだ。土をかぶせずに育てると、根元から先まで緑色になる。ただし売っている白ねぎと青ねぎは、品種そのものがちがう。

関東の土は火山灰質で粘り気が少ないから、土をかぶせやすい。ところが関西の土は粘土質で粘り気があるから、いくら砕いてもぼこぼこで、うまく土をかぶせることができない。関西で白ねぎをあまり食べなかったのは、食文化のちがいだけでなく、栽培する農家が少なかったからでもあるんだ。今は輸送技術が発達して、関西でも白ねぎを食べるけれどね。

白ねぎの育て方

1. 畑のみぞのようなところに苗を植える。
2. 苗が育ってきたら、まわりの土を少しずつかぶせて、だんだん高くしていく、すると白いところが土の中でのびる。

1.

2.

いろんなものに見える

ねぎの花のことを、「ねぎぼうず」というんだ。お坊さんの頭に似ているからだそうだよ。「ぎぼし」ともいう。皮をかぶったつぼみが、昔の橋のらんかんやお寺の屋根についている「擬宝珠」という丸い金属の飾りに似ているからだ。打楽器をたたく棒（マレット）のようにも見えるね。なに？　ドラえもんの手にそっくりだって？　なるほど！

擬宝珠

ねぎは葉か茎か

ねぎの食べるところは、ぜんぶ葉っぱなんだ。白ねぎの白いところも葉っぱが重なり合っているんだ。茎は根の上１センチほどのところだけだよ。ただし花がつくのは、花茎という茎で、かたちは葉と同じだけれど、ぶあつくてかたくてまずい。花のつぼみはおいしいよ。

たまねぎ　玉葱

ヒガンバナ科　***Alliumu*** 属

Allium cepa 種

英名　**Onion**

むらさきたまねぎ

赤たまねぎともいう。辛味が少なく、サラダにするとおいしくて美しい。

ふつうのたまねぎ

お金のかわりになった野菜

たまねぎは大昔から栽培しているんだ。５千年も前のエジプトの壁画に、たまねぎの絵がある。あの有名なピラミッドを作っていた大勢の労働者が、スタミナがつくようにと食べていたそうだ。お金のかわりにたまねぎで給料をもらって、それで買い物をしたらしいよ。つまり、貨幣のかわりにもなったんだ。そのころのたまねぎは、今のようには大きくなかったそうだ。だからたくさん持って買い物に行けたんだね。

たまねぎは中央アジアで生まれたといわれている。紀元前に地中海のまわりに伝わり、古代エジプトなどでさかんに栽培されていた。その後ヨーロッパやアメリカで品種改良が進み、今の大きさになったんだ。意外だけれど、原産地の中央アジアから直接東の中国のほうへは伝わらなかったらしい。

日本には、江戸時代にヨーロッパから長崎に伝わったんだ。はじめは食べるのではなく、鉢に植えて花を眺めて楽しんでいたそうだ。当時の江戸では、たまねぎの鉢植えが大はやりで、たまねぎ自慢をしたり、夜店に並んだりしたそうだよ。明治４年（1871 年）に、札幌ではじめて食べるために試験栽培をして、明治 11 年（1878 年）に本格的な栽培をはじめたんだ。エジプトの人びとに遅れること５千年、日本人はようやくたまねぎを口にしたというわけさ。

原産地　中央アジア
日本への伝来　江戸時代
ヨーロッパから

収穫量（2013年公表）

日本全体		109.8万トン
1	北海道	66.5
2	佐賀県	12.3
3	兵庫県	8.8
世界全体		8579.5万トン
1	中　国	2230.0
2	インド	1929.9
3	アメリカ	315.9

聖ワシリー大聖堂

たまねぎをまねた建築家

ロシアには、あちこちにおもしろいかたちの教会がある。屋根にたまねぎのかざりが乗っているんだ。ロシア語で「クーポル」といって、キリストやその弟子たちを表しているのだそうだ。2つしか乗っていないのや、21個も乗っているのもある。ろうそくの火をまねたという説もあるけれど、ほとんどの人は「たまねぎ屋根」と呼んでいる。屋根の中には、大きな鐘が入っている。中でも有名なのは、聖ワシリー大聖堂だ。ロシアの首都モスクワに、赤の広場という大きな広場がある。そこにクレムリンという宮殿と並んで建っているんだ。8つのたまねぎ屋根は、色や模様をぜんぶ変えてあって、まるでプラスチックのおもちゃのようだ。ロシアのイワン皇帝が戦争に勝った記念に、1559年に建てたんだ。

こんなかたちの屋根は、世界各地のイスラム教の礼拝堂、モスクにもついている。中でもアラブ首長国連邦のアブダビにあるシェイク・ザイード・グランド・モスクは、とにかくすごい。たまねぎのかたちのまっ白なドームが、82個もついている。中庭広場も床冷房で、建物の中には、サッカーグラウンドほどもある世界最大のじゅうたんだとか、世界でいちばん大きいシャンデリアがある。550億円もかけて2007年に完成した、世界で6番目に大きいモスクだよ。インターネットで調べると写真がたくさんあるから、一度のぞいてみるといい。

ロシアのクーポル、モスクのドーム、ねぎのところで話した擬宝珠（29ページ）、どれもよく似ているけれど、つながりがあるかどうかはわからない。それぞれに思いついたかたちが偶然似ていたにしては、似すぎなんだけどなあ。

植物のかたちをまねた建築や工芸は、世界中のいろんな時代や場所にあって、アール・ヌーボー（19ページ）だけではないんだ。つまり野菜は、ただ食品というだけでなく、その国の文化や歴史にも深く関わっているんだよ。

たまねぎの玉は根っこ？

たまねぎの玉はかぶのように根がふくれたのではないんだ。ねぎのところで話した、短い茎の上あたり、葉っぱの下のところがふくれて重なり合う。これは「鱗茎」というんだ。だから土の中で育つのではなくて、絵のように土の上に半分以上見えている。玉がまだ小さい若いたまねぎは「葉たまねぎ」といって、葉もいっしょに食べられるよ。

エシャロット（英語ではシャロット）
ヨーロッパに古くからある、小さなたまねぎのような薬味野菜。たまねぎの仲間で、にんにくのような使いかたをする。日本ではなかなか手に入らない。

たまねぎの花
ねぎぼうずと同じで、小さな花がたくさん集まって玉になっている。
花屋さんで売っているアリウムという赤むらさきの花は、属まで同じたまねぎの仲間だよ。

人泣かせのたまねぎ

お母さんが台所でたまねぎをきざみながら、ぼろぼろ泣いてるのを見たことあるだろう？あれは悲しくて泣いてるのではないよ。たまねぎには硫化アリルという、気体になりやすい物質が含まれていて、きざむとそれが気化してあたりをただよい、目や鼻に入って粘膜を刺激するから、涙が出るんだ。

これを防ぐにはいろんな方法があるそうだ。たまねぎと包丁をよく冷やしてから切る、半分に切って電子レンジで温めて、硫化アリルをとばす、切ったらすぐ氷水に入れる、などだ。割りばしを口にくわえる、なんていうのもあるよ。おまじないなのかと思ったら、これが科学的なんだ。口が乾くので、脳が涙よりつばを出すのを優先させるからだってさ。だったら割りばしなんかくわえなくても、口を開けているだけでいいのにね。

でも硫化アリルは、にんにくにも含まれる成分で、体にはすごくいいそうだ。高血圧や糖尿病、がんを予防したり、毒を消す効果や細菌を殺す効果もあるといわれている。ぼくが子どものころは、かぜをひくと、きざんだたまねぎにはちみつと熱いお湯をかけたのを飲まされた。あまりおいしい飲み物ではなかったけれど、はちみつがうれしかったし、体がぽかぽかして、かぜがすぐに治ったよ。

セロリ　塘蒿

セリ科　***Apium*** 属

Apium graveolens 種

英名　**Celery**

セロリはにんじんやパセリ、三つ葉と同じセリ科の植物だ。じくが太くてやわらかいのは、品種改良したからだ。祖先ははるかに細くてかたい。

オランダミツバと、きよまさにんじん

外国から伝わった野菜は、もとの名前をそのままカタカナにして呼ぶことが多い。でもね、めったに使わないけれど、日本語の名前もかならずある。「和名」というんだ。セロリの和名は「オランダミツバ」だよ。18世紀末に、オランダ人が日本に伝えたからだ。葉っぱをすまし汁に入れたりする「三つ葉」によく似ているので、オランダミツバにしたんだ。

もう一つ、「きよまさにんじん」という和名もある。セロリは16世紀の末に、加藤清正という武将が朝鮮半島から持って帰ったという説もある。加藤清正は、豊臣秀吉と徳川家康の両方に仕えた腕利きの武将で、朝鮮半島まで戦争をしに行った人だ。その人が持ち帰ったから「きよまさにんじん」なんだ。漢方薬の「高麗人参」のことを、当時は「にんじん」と呼んでいたから[注]、朝鮮半島からもってきたセロリも薬草と思ったのかなあ。でも薬草としても野菜としてもぜんぜん普及しなかったんだ。日本でセロリをよく食べるようになったのは、1970年代になってからだよ。

注：江戸末期までは、今のにんじんを「せりにんじん」、朝鮮半島から伝わった高麗人参を「にんじん」と呼んでいた。

絵かきの弱音

野菜を描くのはけっこう難しくて、なかなか思い通りにならない。なにが難しいかというと、「みずみずしい」「しゃきっとした」「生き生きとした」といった、野菜の「表情」を描くことだ。この絵はまあまあうまくいったなと思っている。いちばん難しかったのは、あのロマネスコ・ブロッコリー（17ページ）だ。フラクタルを描くのがやっとこさで、生まれたばかりの若い花芽の「勢い」が、ぼくにはまだ描けない。

あまりいいたくないのだけれど、どうしても描けない野菜がある。パセリだよ。切れ込みのある細かい葉がたくさん集まった、あの「チリチリした感じ」が、どうしても出せないんだ。あれにはまいった。この本にセロリは入れるのに、同じセリ科のパセリをなぜ入れないのだと、縄田先生にいわれたけれど、描けないのですといって許してもらうしかない。

原産地	ヨーロッパや中近東の高地の湿原
日本への伝来	16世紀末 朝鮮半島から
収穫量（2013年公表）	
日本全体	32900トン
1　長野県	13700
2　静岡県	7220
3　福岡県	3450
4　愛知県	2690
5　香川県	710
世界全体	不　明

葉っぱから根っこまで食べられる

セロリはいろんなところを食べられる野菜だ。葉の先から根までぜんぶ食べられる。みんなが食べている白いところは、茎ではなくて「葉柄」、つまり葉っぱのじくなんだ。もちろん緑色の葉も食べられる。セロリが作るカロチンやビタミン、ミネラルなどの栄養分は、葉っぱに集まっているんだ。だから葉っぱを捨てて葉柄だけを食べるのは、ソフトクリームのクリームを捨ててコーンのところだけを食べるようなものさ。

種からは食用油もとれる。セロリ油といって、香りが高く、いろんな料理に使うんだ。マッサージをするときに、体に塗るアロマオイルとしても使われている。種はこのほかにも、香辛料や漢方薬の原料にもなるんだ。

セロリの根っこはセルリアックといって、ソフトボールほどの大きさの、ごつごつしたおいもだよ。ただし、ふつうのセロリの根ではない。セロリにはちがいないけれど、根セロリとかいもセロリという別の品種だ。日本ではあまり見かけないけど、ヨーロッパではスーパーでも売っているそうだ。中はじゃがいもに似ていて、スープやサラダに入れたり、マッシュポテトのようにつぶしたりして食べる。うすく切って油で揚げてもおいしい。味はやっぱりセロリの味だ。日本に入ってきたのは明治のはじめだけれど、なぜかあまり普及しなかった。今でもなかなか手に入らないよ。

畑のセロリ

セロリもいろんな品種がある

日本に古くからある品種は、白っぽいのや、黄色っぽいのが多いんだ。それにくらべて、アメリカや中国から新しく入ってきた品種は、この絵のように緑色がかったものが多い。中国セロリという品種もある。ふつうのセロリより小さくて、葉もいっしょに食べるんだ。味はどれもよく似ているよ。

大人がきらいな野菜

タキイ種苗という、種や苗を作って売っている京都の大きな会社が、毎年、8月31日の「野菜の日」に、日本人と野菜についてのおもしろい調査を行っている[注]。それによると、大人がきらいな野菜は2012年から3年間、続けてセロリだったんだ。2015年に、ゴーヤに1位をゆずったけれど、男性だけなら今も1位だ。全体では、1位ゴーヤ、2位セロリ、3位トマト、以下、なす、モロヘイヤ、春菊、カリフラワー、ピーマン、きゅうり、ズッキーニ、と続く。ピーマンが8位とは意外だ。もう一つ意外なのは、子どもがきらいな野菜の上位3位までにセロリが入っていないことだ。セロリは5位だよ。大人がきらいな野菜を子どもは平気で食べるというわけさ。この話はまたあとで、ピーマン（65ページ）のところでも話そう。

セルリアック
セルリアックの葉柄は、ふつうのセロリとちがい、細いし、かたくて食べられない。

セロリの花
セロリはにんじんと同じセリ科の植物で、花はにんじんの花に似ているけれど、葉のかたちはまったくちがう。

注：タキイ種苗株式会社　http://www.takii.co.jp/info/gif/news_150828.pdf

アスパラガス　和蘭雉隠し

キジカクシ科　***Asparagus*** 属
Asparagus officinale 種
英名　**Asparagus**

きじのかくれ場所

アスパラガスは和名がしゃれている。「オランダキジカクシ」というんだ。江戸時代にオランダ人が葉を眺めて楽しむために持ち込んだ植物が、もともと日本にあった「きじかくし」という山草に似ていたのでこう付けたんだ。成長すると細い糸が集まったような葉が生い茂って、きじがかくれ場所にするからだそうだ。きじは知っているかな。にわとりほどの大きさの鳥で、雄の体の色がすごくきれいで、日本の国鳥だ。飛ぶより走るのが得意で、時速30キロメートルも出せるそうだ。野原や畑を歩き回ってえさをさがしていて、きつねなどの天敵が近づくと、飛んで逃げずに、走って草むらや茂みにかくれる。だからアスパラガス畑もちょうどいいかくれ場所になる。里山の情景が目に浮かぶような、いい名前だ。じつはアスパラガスの葉に見えるものは、縄田先生がいうには葉ではない。茎が変化した「擬葉」というものなんだ。上の絵の、赤むらさきの三角形のものが退化した葉だ。

アスパラガスは「多年草」といって、これまで話した野菜とちがって何年も生き続ける。秋には枯れたように見えても、春には根から新芽がにょきにょき出てくる。ぼくらは、その新芽を食べるというわけだ。種をまいてから新芽を収穫するまでに何年もかかるんだ。1年目はだめで、2年目にやっと少しだけ、3年目からはたくさんとれて、うまくいけば10年以上とれ続けるんだよ。

原産地　地中海東沿岸
日本への伝来　江戸時代末期
オランダから

収穫量（2013年公表）

日本全体		2.86万トン
1	北海道	0.50
2	佐賀県	0.28
3	長野県	0.26
世界全体		795.9万トン
1	中　国	700.0（不確実）
2	ペルー	38.3
3	メキシコ	12.6

アスパラガスの花

季節の使者

アスパラガスには、白いのと緑色のがある。白いのは、品種がちがうのではなく、日光が当たらないように土をかぶせて育てるんだ。白ねぎもそうだったよね（28ページ）。ヨーロッパでは白いのがふつうで、春の楽しみの一つだそうだ。アスパラガスを食べると、「春だなあ」と思うそうだよ。日本のたけのこと同じさ。

日本でも、昔は５月から６月にかけての季節野菜だった。でも今はほとんどいつでも売っている。ハウス栽培が普及したし、ペルーなどから輸入するものもあるからだ。アスパラガスだけではなく、かぎられた季節にしかなかったのに、今は１年中売っている野菜がたくさんある。例えばいちごなどは、40年ほど前までは４月から５月にかけてしか売っていなかった。トマトもそうだ。

こういう季節の野菜のいちばんおいしいときを、野菜の「旬」というんだ。旬の野菜や魚を食べて季節を感じるのは、日本の食文化のすばらしいところだ。日本ほど食べものに季節がある国はあまりない。夏のそうめん、冬のなべ料理、それが俳句や浮世絵にまでなる。日本文化そのものなんだ。だから和食は世界遺産になったんだよ。でも輸入が増えたり、品種改良やハウス栽培が普及して、今ではほとんどの野菜の旬がなくなってしまったんだ。おいしい野菜が１年中食べられるのはいいとしても、旬の楽しみがなくなるのはどうなんだろうね。

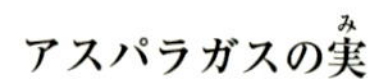

アスパラガスの実

アスパラガスもほうれん草と同じ雌雄異株だ。実は雌の株にしかできない。実の中には種がつまっていて食べられないよ。葉のように見えるものは、じつは葉ではなく、茎が変化した「擬葉」というものだ。花屋ではこれだけを売っていて、カーネーションなどといっしょにかざるのに使うんだ。

春に出てくる新芽

ぜんぶを収穫しないで、少し残して「擬葉」を育てる。そうしないと次の年に新芽が出てこない。

夏のアスパラガス畑

放っておくと3メートルほどの高さになって、地面まで「擬葉」が茂るけれど、畑では風を通すため、下のほうの枝を切り取ることが多い。まるで竹やぶのミニチュアだ。これでは、きじがかくれても見えちゃうね。

たけのこ　筍

イネ科タケ亜科 ***Phyllostachys*** 属　***Phyllostachys heterocycla*** 種など

英名　**Bamboo shoot**

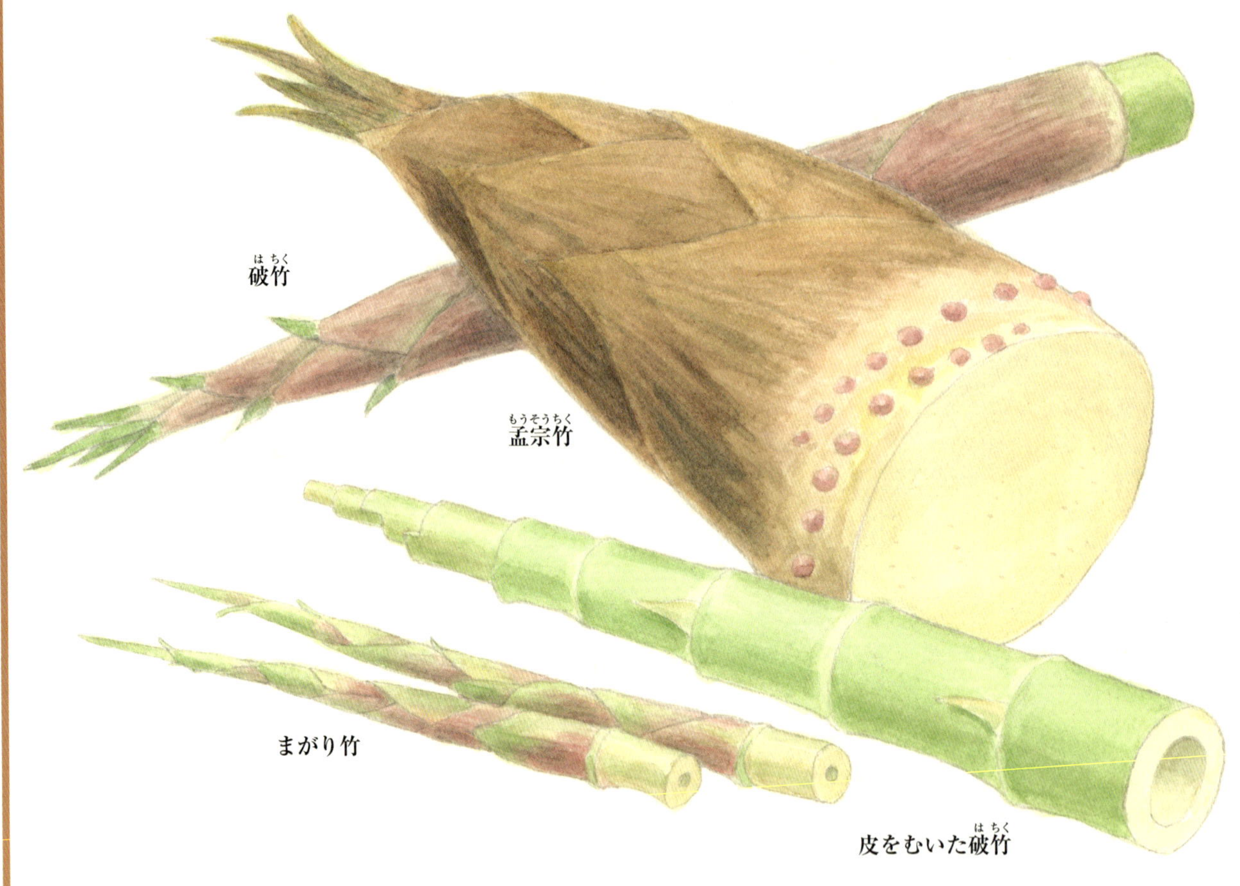

節の不思議

たけのこも、いろんな種類がある。いちばんよく食べるのは、孟宗竹という竹のたけのこだ。孟宗竹は日本最大の竹で、高さがビルの５階ほどになる。しかもたったの３カ月でそれだけのびる。木とちがって、太るためにではなく、たてにのびるためにだけエネルギーを使うからだ。木よりはるかに細いのに折れないのは、内部が空洞で軽いのと、節があるからだよ。アルミ缶のふたと底を切り取って、胴体部分だけにすると、簡単につぶれる。ふたと底があるから強いんだ。竹も同じさ。じつは幹の節の数は、一生変わらないんだ。たけのこのときも成長してからも、幹の節の数はまったく同じだよ。たけのこをたてに半分に切ってみると、はじめから節がたくさんあるのがよくわかる。おいしいたけのこがとれるところは、そのへんの竹やぶとはぜんぜんちがう。竹やぶというより、よく手入れをした畑だ。毎年、わらと新しい土をていねいにしきつめて、やわらかい土にする。肥料を入れ、元気な親竹を残して、あとは切ってしまう。残した親竹は茂りすぎないように先を切って、日当たりをよくする。これほど手間をかけるから[注]、日本のたけのこはやわらかくておいしいんだ。

注：上の育てかたは最高級のたけのこの例で、産地によってはこれほどまでは手間をかけない。

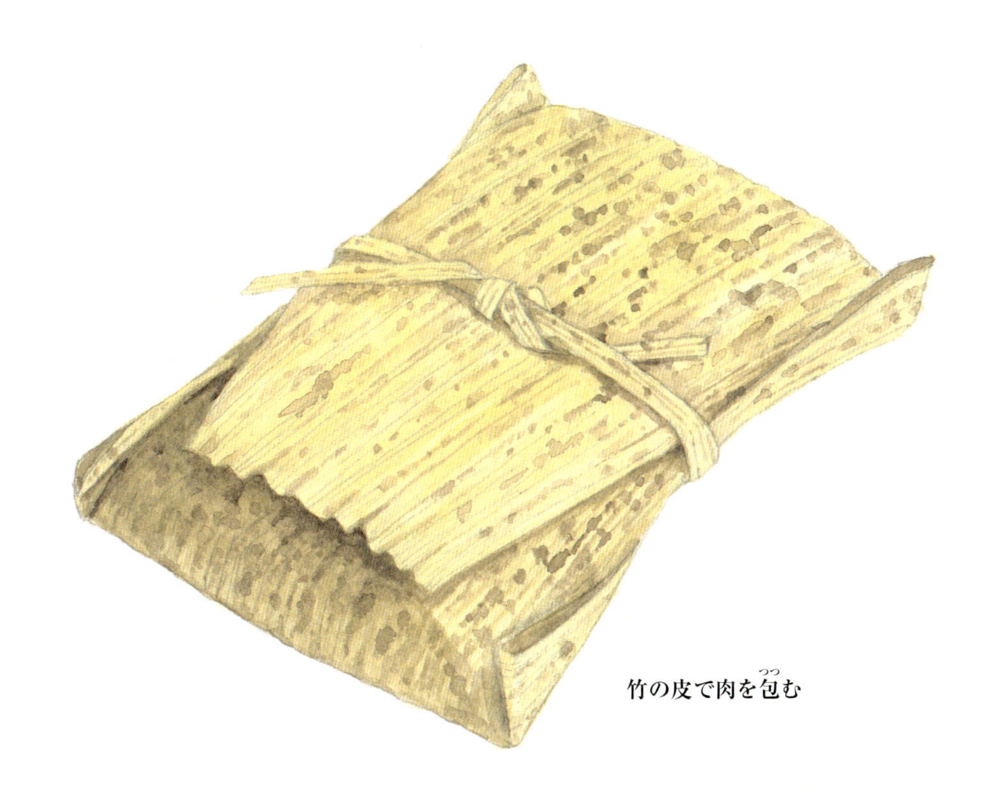

竹の皮で肉を包む

竹の皮

もう一つ、日本の自慢話をしよう。日本にはすばらしい包み紙がある。竹の皮だ。昔は肉を買うと、かならず竹の皮で包んでくれた。今でも使っている肉屋があるよ。肉がくさりにくいからだ。

のりを巻いたあつあつのおにぎりを竹の皮で包むと、おいしいしくさりにくい。竹の皮は、サリチル酸という細菌を殺したりくさるのを防ぐ成分を含むからだ。水は通さないけれど気体は通すので、ごはんの水分が蒸気になって逃げて、ごはんものりもべとつかない。だからおいしい。ぼくが子どものころ、遠足のお弁当といえば、竹の皮で包んだ梅干し入りのおにぎりと、玉子焼きだった。開けると竹の皮のいい香りがしたし、おいしかったなあ。竹の皮は今でも100円ショップで売っているよ。

竹の皮だけではない。日本の、物を包む文化は、世界中に例がないほどすばらしい。外国で買い物をすると、袋に入れてくれることはあっても、美しい紙でていねいに包んだりはしない。日本の店では、ただ美しい紙で包むだけでなく、目の前ですばやく、しかもあとで開けやすいように包んでくれる。四角いものだけでなく、いろんなかたちのものを、手品のように包んでしまう。日本で買い物をする外国人が、おどろいて目を丸くするんだ。それにお祝いやお香典を渡すとき、お金を美しい和紙で包んで水引をかけるのは、日本だけだ。風呂敷などという、便利な包み道具もある。日本の包む文化も、世界遺産になっていいと思うんだけどなあ。

たけのこの朝掘り

たけのこは、朝早く、日がのぼらないうちに、まだ土の上に出ていないのをさがして、特別のつるはしで掘る。ふつうのつるはしより、早くきれいに掘れる。土の上に出てからでは遅い。前の日に掘っておかないのは、掘ってから数時間以内に調理しないと、えぐ味が増して味が落ちるからだ。だから出荷する朝に掘る。輸入したたけのこが水煮にしてあるのもそのためだ。生では輸入しない。東アジアや東南アジアのほかに、アフリカの一部でもたけのこを食べるけれど、ヨーロッパや北アメリカには竹そのものがない。だからたけのこを知らない人が多いんだ。

原産地　中国江南（孟宗竹）

日本への伝来　9～13世紀
いろんな説がある

収穫量（2013年公表）

日本全体		32220トン
1	福岡県	10000
2	鹿児島県	9130
3	熊本県	4080
4	京都府	1940
5	宮崎県	862

世界の統計は見当たらない。

竹の花

イネ科だから稲（米）の花に似ている。数十年に一度だけ、竹やぶ全体に花が咲く。花が咲いた竹やぶの竹は、一度ぜんぶ枯れてまう。

竹やぶをたてに切ったら

たけのこは、土の中で親竹とつながっている。親竹から横にのびる長い根を、「地下茎」というんだ。土の中の茎という意味で、根とはちがう。竹の本当の根や、たけのこは、地下茎の節のところから生えてくる。

しいたけ　椎茸、ぶなしめじ　橅占地

ツキヨタケ科 *Lentinula* 属 *Lentinula edodes* 種など（しいたけ） 英名 **Shiitake**
シメジ科 *Hypsizygus* 属 *Hypsizygus marmoreus* 種など（ぶなしめじ） 英名 **Buna Shimeji**

味はしいたけ

しいたけやしめじは、新芽ではない。花でも実でも、もちろん葉っぱでもない。じつはね、きのこは植物ではないんだ。昔は植物と考えられていたんだけどね。きのこは動物や植物とは別の生物、「菌類」といって、「かび」だとか、お酒やパンを作るのに使う「酵母」と同じ仲間だ。だから野菜の話に入れるのはおかしいと、縄田先生と話していたんだ。でも、キノコは野菜売場で売っているし、農業協同組合でも中央卸売市場でも野菜扱いだ。みんなも食べるときは野菜として食べるよね。だから、やっぱり入れることにしたんだ。

「香りまつたけ、味しめじ」というように、料理して食べるのなら、たしかにしめじはおいしい。でも味の話なら、やっぱりしいたけさ。それも干したしいたけの話だ。かつおぶしとこんぶと干ししいたけは、和食の味の基本である、「だし」にはなくてはならない材料だからだ。

1908 年、池田菊苗博士は、酸味、甘味、塩味、苦味の４つの味覚のほかに、うまいと感じ

原産地 不明（太古から日本に自生）

収穫量（2013年公表　人工栽培だけの量）

	しいたけ			**ぶなしめじ**	
日本全体		71250トン	日本全体		118010トン
1	徳島県	8790	1	長野県	53330
2	北海道	7370	2	新潟県	22850
3	岩手県	5980	3	福岡県	12090
4	群馬県	4240	4	香川県	5250
5	長崎県	3550	5	静岡県	3060

世界の統計は見当たらない。

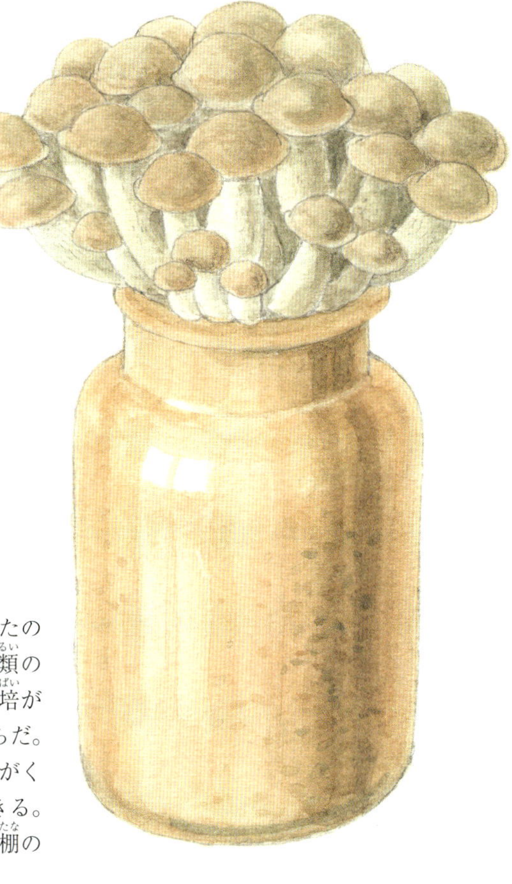

ぶなしめじとほんしめじ

タイトルに「ぶなしめじ」と書いたのは、「ほんしめじ」という別の種類のきのこがあって、そっちは人工栽培が難しく、めったに売っていないからだ。ぶなしめじは、右の絵のようにおがくずをつめたビンで簡単に栽培できる。このビンをうす暗い部屋の中の、棚の上にたくさん並べて育てるんだ。

る味覚があるはずだと考えて、研究を続けた結果、こんぶからうま味の成分の一つであるグルタミン酸を発見した。博士はこれを「umami」と名付けて発表したけれど、欧米の学者は認めなかった。うまいと感じるのは、４つの味覚がまざり合った感覚だと反論したんだ。

　その後、かつおぶしからはイノシン酸、しいたけからはグアニル酸と、ほかのうま味物質もたくさん発見され、2000年には、舌に「うま味」を感じる特別のセンサーがあることもわかり、やっと世界中の学者が、池田博士は正しかったと認めたんだ。だからその５番目の味覚のことを、世界中で池田博士への敬意を込めて「umami」と呼んでいるんだよ。

　今では、干ししいたけは世界中で高く評価されて、かつおぶしやこんぶとともに西洋料理に使うシェフが増えているそうだ。日本が誇る味が世界に認められたということさ。あれ、また日本の自慢話になっちゃった。

森で育てるしいたけ

日本や中国や韓国では、昔から山に生えるしいたけをとって食べてきたけれど、20世紀になって、人工栽培が確実にできるようになった。しいやくぬぎなどの、どんぐりのなる木で育てるんだ。1メートルほどの長さに切った、くぬぎなどの枯木に穴を開け、しいたけ菌をつけた種駒という木片をうめる。これをうす暗い森の中に、すきまをあけてたくさん並べる。これを「ほだ木」というんだ。1年半から2年たつと、ほだ木の表面にしいたけが生えはじめ、4年から5年はとれ続ける。今では、森のかわりにハウスの中で育てている農家も多いよ。

同じきのこでも、まつたけは人工栽培ができない。研究はしているけれど、なかなかうまくいかないそうだ。だから、お母さんが「ヒェー」っていうぐらい高いんだよ。いつになったら安く買えるようになるのかなあ。

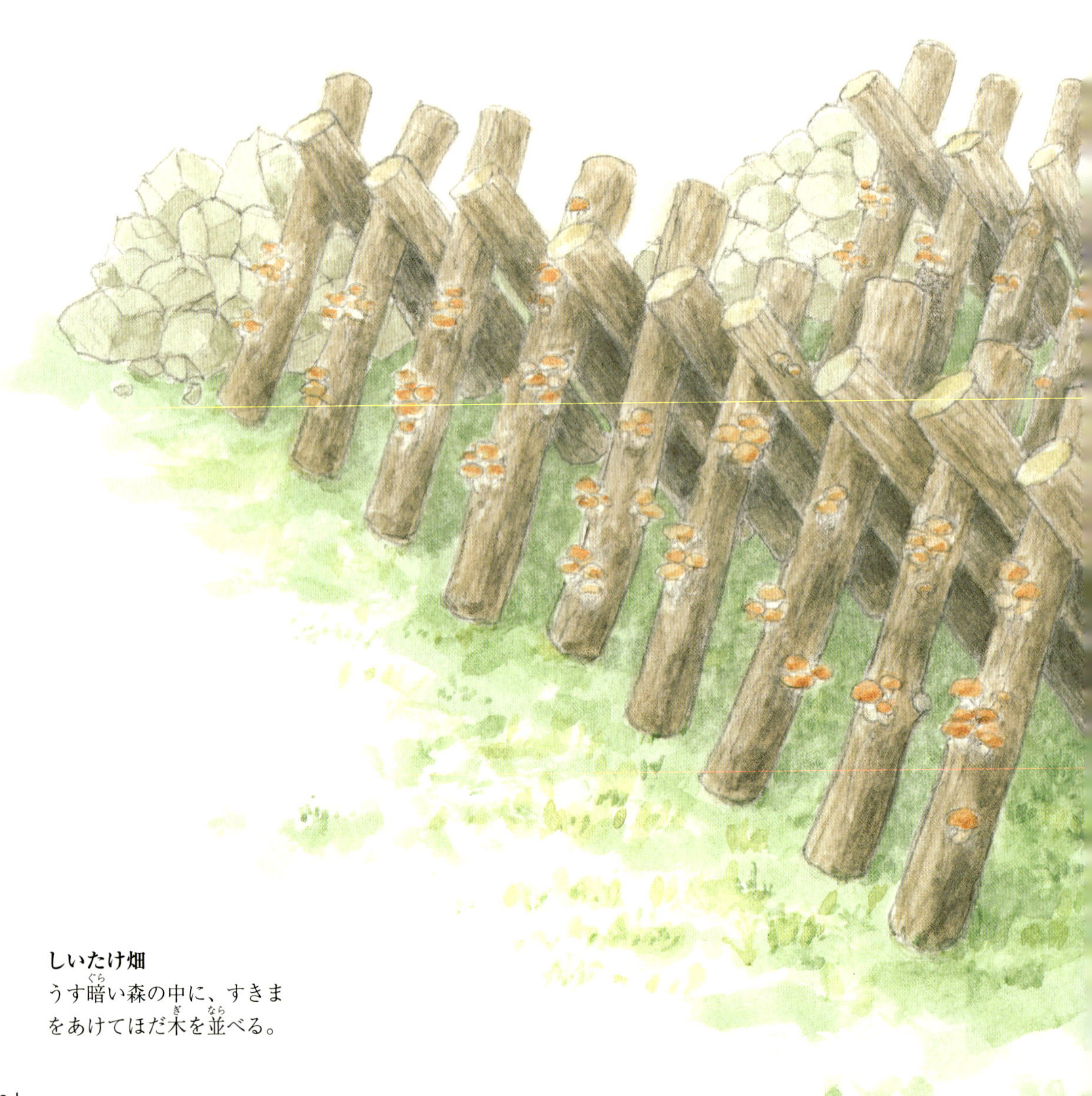

しいたけ畑
うす暗い森の中に、すきまをあけてほだ木を並べる。

きのこの知恵

きのこのかさは実にうまくできている。「胞子」という、植物の種にあたる粉がかさの下から出てきて、子孫を残すために風に乗って遠くへ飛んでいくんだ。だから雨が降ったとき胞子がぬれないように、かさのかたちになっているんだよ。

かさのところは、きのこの本体ではないんだ。胞子をまきちらすために、一時的に出てくる器官だよ。本体は枯木や落ち葉の中にひろがっている、菌糸体という、白い糸のかたまりのようなものだ。しいたけの場合は右の絵の下のほうに見える、種駒をうめた穴からほだ木の中にひろがっている。

なす　茄子

ナス科　***Solanum*** 属
Solanum melongena 種
英名　***Aubergene***
米名　**Eggplant**[注]

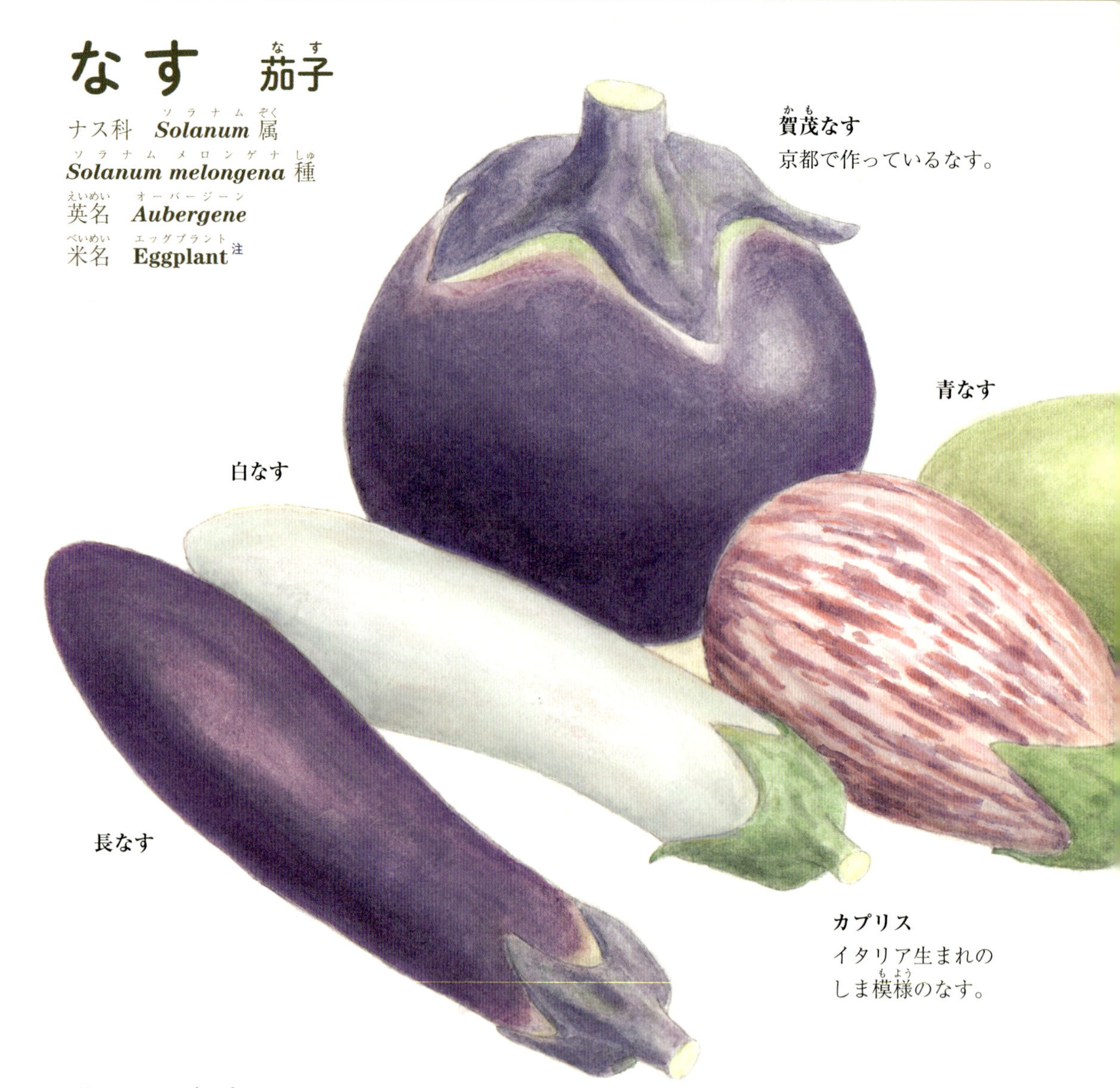

世界の人気者

　なすには栄養がほとんどない。それでも世界中の国々の人たちがよく食べる。大昔にインドで育てはじめ、やがて世界中にひろまって、今では色もかたちもさまざまだ。むらさきだけでなく、黄色、緑色、赤、白。中にはしま模様のまである。世界中で人気なのは、育てやすいし、どこの国の料理にもよく合うからだ。煮ても焼いても炒めても、油で揚げてもおいしい。お漬物にしてもいい。こんなに使い道の多い野菜はめずらしい。

　ナス科の植物は大家族だよ。なすのほかに、トマト、じゃがいも、とうがらし、ピーマン、ほおずき、ちょうせんあさがお、ペチュニア、ベラドンナ、たばこ、みんなナス科なんだ。

　中でもなすとトマトとじゃがいもは、属まで同じだから兄弟のように近い。土の中にできるじゃがいもが、なすやトマトに近いなんて、ちょっと信じられないよね。でも、じゃがいもの花はなすの花によく似ているし、じゃがいもの実はトマトの赤ちゃんにそっくりだ。53ページに絵があるよ。

注：なすはイギリス英語とアメリカ英語（米語）とでは呼び名がちがう。

原産地	インド
日本への伝来	奈良時代以前 中国から

収穫量（2013 年公表）

日本全体		32.7 万トン
1	高知県	3.2
2	熊本県	3.1
3	群馬県	2.3
世界全体		4941.8 万トン
1	中　国	2843.4
2	インド	1344.4
3	イラン	135.4

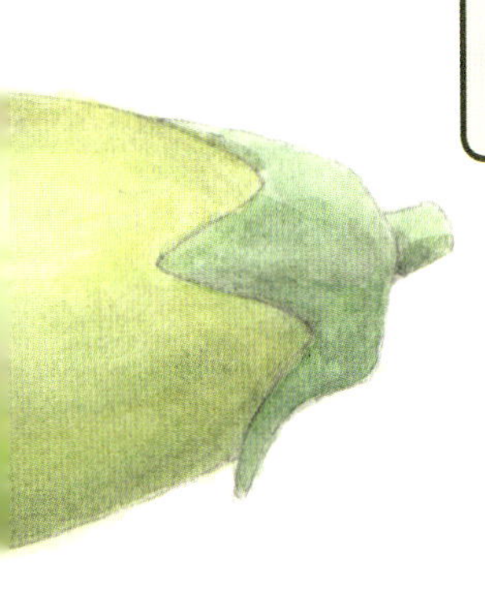

なすの花
右はつぼみ。

なす紺と藍色

なすの色は不思議な色だ。どうしてあんなに美しい濃紺色になったのだろう。ほかの野菜にはあんな色はない。進化の不思議というか、大自然の傑作だ。

あれは「なす紺」といって、日本ではなじみ深い色だ。染め物や焼き物、ガラス器などの工芸品に、さかんに使われている。ただし左の絵の色ではない。あんなに深い紺色は、この絵を描いた透明水彩の絵具では、どうしても出せない。下の紙の白が透けて見えるからだ。とまあ、絵具のせいにしておこう。

日本には「藍色」というすばらしい色がある。なす紺とは少しちがうけれど、それに近い紺色だ。着物の藍染めやかすり染め、染め付けという焼き物など、身のまわりの日用品や工芸品に、古くから使われている色だ。藍色の「藍」は、野山に生えている草の名前だよ。畑で栽培している人もいる。その草で作った染料で染めた布は、洗うと色にますます深みが出る。英語では、ジャパン・ブルーとかヒロシゲ・ブルー[注]というぐらい、日本の色なんだ。

昔の職人は、草や木や岩石などの、自然の材料で染料や顔料を作った。今では合成の染料や合成の顔料のいいものがあるけれど、伝統の染め物や焼き物は、やっぱり自然のものでないとだめなのだそうだ。だったら、なすで紺色の染料を作れたらすごいと思うだろう。なんとそれができるんだ。大阪府の泉佐野市に、なすの皮で作った染料でタオルを染めている会社がある。

なす紺や藍色が好きなのは、日本人だけではない。イギリスではロイヤル・ブルーといって、英国王室をあらわす色であり、国旗に使われている色なんだ。世界各国の海軍で使われているネイビー・ブルーも濃紺だ。それに、この色が世界中で愛されている証拠がある。万年筆のインクと、ジーンズだよ。

注：ヒロシゲは、江戸末期の浮世絵師、歌川広重のこと。欧米でもその藍色の美しさで評価が高い。

畑のなす

実や花だけでなく、
茎も、葉のじくも、
むらさきだよ。

ジャガトマとポマト

なすとトマトとじゃがいもは、同じソラナム属だから、まちがいなく接ぎ木ができる。じゃがいもの茎にトマトの苗をくっつけて接ぎ木した植物を、「ジャガトマ」というんだ。根っこはじゃがいもで、地上はトマトだ。理屈では、じゃがいもとトマトの両方が収穫できるはずだけれど、育ててみると両方がちゃんと育たない。養分が両方には行き渡らないからだ。一時は育てるのがはやったけれどね。

1978年、ドイツのマックス・プランク研究所という、世界的に有名な研究所が、人工の細胞融合という新しい技術で、じゃがいもとトマトの雑種を作った。それを「ポマト」と名付けて発表したけれど、これも両方がちゃんと育たず、失敗に終わったんだ。学者のお遊びだとさんざん悪口をいわれたそうだけれど、科学ってそんなものだよ。失敗をくり返しているうちに、すごい発明発見があるんだ。大豆からプラスチックを作ってしまったとかさ（83ページ）。

トマトの花と実

じゃがいもの実

じゃがいもの花

トマト　唐柿　赤茄子　小金瓜　蕃茄

ナス科　***Solanum*** 属
Solanum lycopersicum 種
英名　**Tomato**

世界を旅したトマト

南アメリカ大陸に、アンデス山脈という長い山脈がある。その西のふもとに、ほおずきに似た赤い実のなる草が生えていた。マヤ人や、メキシコ人の祖先のアステカ人がそれを見つけて畑に植えて育てて、実を食べていた。「トマト」は、そのあたりで使っていたナワトル語という言葉の「トマトゥル＝ほおずき」がもとなんだ。

大西洋を渡ってきたスペイン人がそれを見て、スペインに持ち帰って眺めて楽しんでいた。毒があると思って食べなかったんだ。ところが、くいしんぼうのイタリア人が料理に使ってみたら食べられるとわかり、200年かけて大きくておいしいトマトに改良して、ヨーロッパ中にひろめたんだ。その後、オランダ人がもっと大きくて生でも食べられる品種を開発して、今のトマトになったそうだ。日本には300年ほど前にオランダ人が伝えたんだ。かたちが柿に似ているので「唐柿」[注]と名付け、やっぱりはじめは眺めて楽しんでいたそうだよ。こうして世界中にひろまったトマトは、今ではなんと、８千品種以上もあるんだ。

注：唐柿の「唐」は、「どこか外国の」という意味。ほかに赤茄子、小金瓜などの和名もある。

クール・ド・ブフの仲間

トマトの花

ミニトマト
いろんな品種がある。

原産地	アンデス地方	
日本への伝来	江戸時代末期 オランダから	
収穫量（2013年公表）		
日本全体		72.2万トン
1	熊本県	10.4
2	北海道	5.8
3	茨城県	4.9
世界全体		16396.4万トン
1	中　国	5055.2
2	インド	1822.7
3	アメリカ	1257.5

トマト製造工場

トマトも土がなくても育つんだ。養液栽培といって、肥料や薬をまぜた水をハウスの中の箱に流して、そこに根っこを出させる。ぶどう棚のようなもので支え、寒ければ暖房も入れる。病気も虫くいもなく、冬でも枯れずに育つから、１本から何千ものトマトがとれるんだ。こうなると、トマト製造工場だね。

トマトは、日本のような温帯地域では１年で枯れるけど、本当は多年草で、ハウスの中でうまく育てると、延々と収穫できる。アメリカのフロリダにあるディズニー・ワールドで、１本から３万２千個以上、522キログラムものミニトマトを収穫した記録がある。あのいろんな世界一の記録を集めた「ギネスブック」にも書いてある。ふつうサイズでも１万７千個の記録があるそうだ。北海道の恵庭市の農園で、ハウスの中で育てたトマトは、１本が85.46平方メートル（畳約50畳分）にもなって、ギネスブックに「世界一大きいトマトの木」と認められたんだ。何本もの枝が四方八方にひろがって、まるでふじ棚のように見えるよ。

トマトの旅

トマトはここで生まれた。日本からはちょうど地球の反対側。

畑のトマト
支えがないとたおれてしまう。ギネスブックにはトマトの木とあるけれど、トマトは草で、木ではない。縄田先生の話によると、「木立ちトマト」や「ツリートマト」という、同じナス科の木が別にあるそうだ。

イギリス
オランダ
フランス
ヨーロッパ
スペイン
イタリア
ユーラシア大陸
日本
中国
インド
大平洋
アフリカ大陸
(東インド)
今は使わない呼び名。
インド洋
インドネシア
ジャカルタ
オーストラリア大陸
喜望峰
ミニトマト
ミニトマトは、こんな
「ふさ」になる。

とうがらし　唐辛子

ナス科　***Capsicum*** 属　***Capsicum annuum*** 種　など
（***C .frutescens***、 ***C .chinense*** など）

英名　**Pepper**
Chili pepper
Red pepper

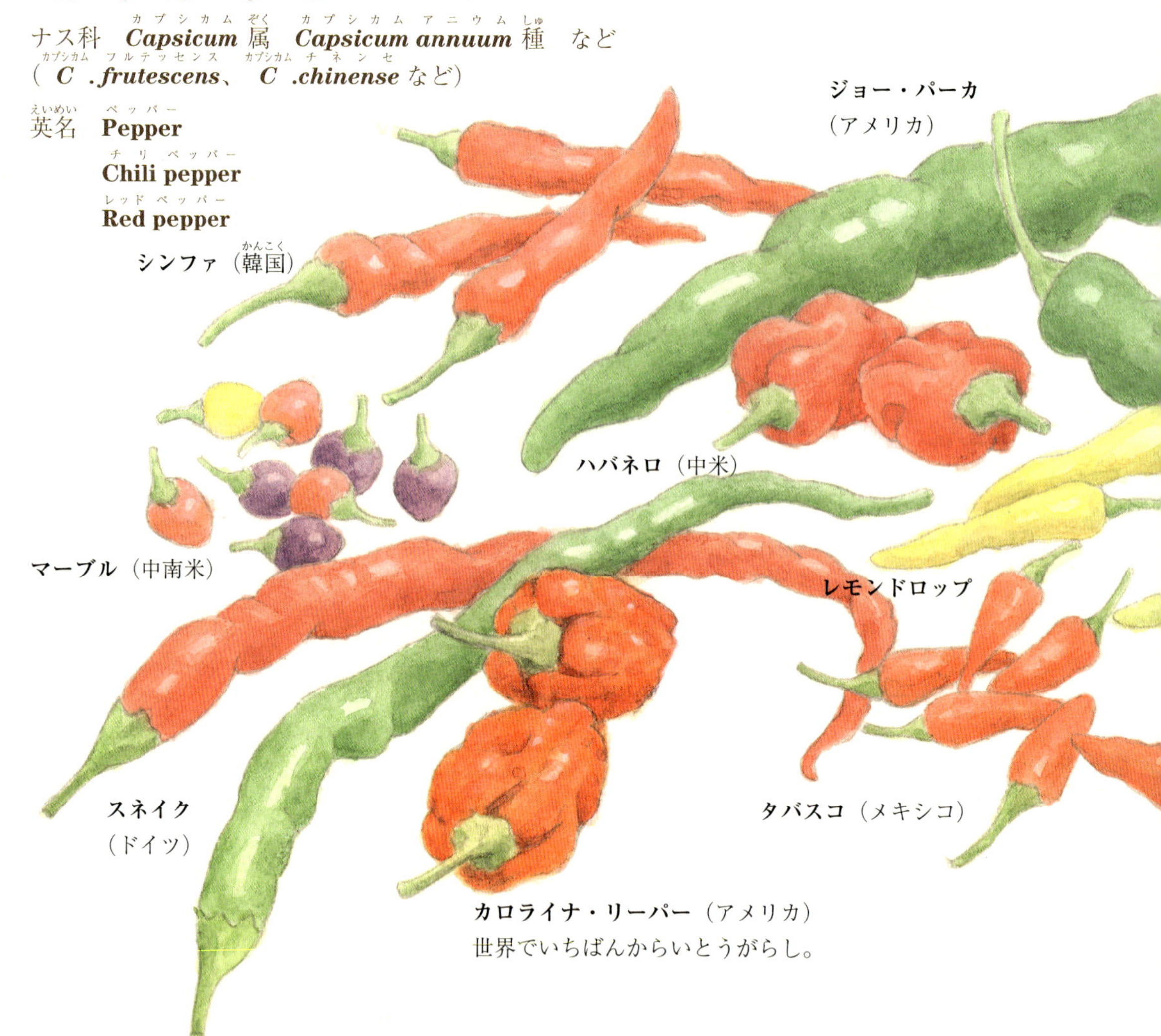

とうがらしの世界一争い

とうがらしは世界中にいろんな品種がある。からいのや、からくないの、赤や黄色や緑色、どれもビタミンなどがたくさんあって、すごく体にいいんだ。

世界でいちばんからいとうがらしは、アメリカの農家の人が個人で開発した、「カロライナの死神（カロライナ・リーパー）」という名前のとうがらしだ。2013年にギネスブックに認められている。どれだけからいかというと、日本に「たかのつめ」という七味とうがらしや料理に使うすごくからいとうがらしがあるけれど、その30倍以上もからい。収穫するときは防毒マスクをしないと危ないそうだ。そんなにからいのをなにに使うのかというと、あまり使い道はない。世界一を争うためにだけ、栽培している人たちがいるんだよ。その前に世界一になったオーストラリアの「トリニダード・スコーピオン・ＢＴ」という品種は、たったの２年間だけ世界一だったんだ。カロライナの死神も、みんながこれを読んでいるころには、もう世界一ではないかもしれないよ。

英語(えいご)ではペッパー（こしょう）

コロンブスという人は知っているかな。イタリアの船乗り(ふなの)で、1492年にスペインの船で大西洋(たいせいよう)を渡(わた)って、ヨーロッパ人としては、はじめてアメリカへ行った人だ。

コロンブスは野菜(やさい)の歴史(れきし)に残(のこ)ることもしたんだ。そのころはアメリカ大陸(たいりく)にしかなかった、いろんな野菜(やさい)を船に積(つ)んで帰って、ヨーロッパに伝(つた)えたんだ。とうもろこしも、かぼちゃも、たばこも積(つ)んであった。とうがらしもそうだ。コロンブスがスペインに持ち帰って東インド[注]のこしょうだといったんだ。当時のヨーロッパでは、こしょうは貴重(きちょう)な香辛料(こうしんりょう)で、同じ重さの金(きん)と取引(とりひき)をしたほどだ。そのころ、こしょうは東インドにしかなく、手に入れるには陸路(りくろ)を旅するアラブ商人の交易(こうえき)にたよるしかなかった。ポルトガルのバスコ・ダ・ガマという船乗(ふなの)りが、1498年にヨーロッパ人としてはじめて、アフリカの喜望峰(きぼうほう)（57ページ）をまわってインドまで行ったのも、ポルトガルの王が金(きん)に値(あたい)するこしょうを手に入れたかったからだ。コロンブスを船隊(せんたい)の司令官(しれいかん)にやとったスペインの女王は、西回(まわ)りで東インドへ行ってこしょうを手に入れようとした。地球(ちきゅう)が丸いことは、当時はもうわかっていたけれど、インドとの間に南北アメリカ大陸(たいりく)があるとはだれも知らなかった。コロンブスはカリブ海に着いてそこが東インドだと思い込(こ)んで、とうがらしをインドに着いた証拠(しょうこ)のこしょうだと女王に報告(ほうこく)して、約束(やくそく)の大金と高い地位(ちい)をもらったんだ。だからとうがらしのことを英語(えいご)で「ペッパー」、つまりこしょう、カリブ海の島々のことを西インド諸島(しょとう)、アメリカの先住民(せんじゅうみん)をインディアンとかインディオ、つまりインド人と今もいうんだ。まちがいとわかっていてもさ。

注：今の東アジア全体を、当時は東インドと呼(よ)んでいた。57ページに地図がある。

原産地　中南米

日本への伝来　1552年
ポルトガルから
ほかにもいろんな説がある

収穫量（2013年公表）

日本全体	8060トン
1　高知県	2940
2　千葉県	1070
3　和歌山県	461

ししとう、万願寺とうがらしなどのからくない品種だけの数。

世界全体	345.9万トン
1　インド	137.6
2　中　国	30.0
3　ペルー	16.4

日本と世界で数字の単位がちがうことに注意。

たかのつめ

七味とうがらしなどに使う、すごくからいとうがらし。とうがらしは、実が下向きにぶらさがって育つものが多い。でも、たかのつめや沖縄の島とうがらしなどは、上を向いて育つ。若い実は緑色で、熟すと赤くなる。

ししとうがらし

ぜんぜんからくない日本のとうがらし。
「しし」は日本語でライオンのことだ。
実の先がライオンの頭に似ているんだ。
でも、大人の指ほどのライオンだから、
ちっとも怖くない。

魔よけのおまじない

韓国や中国では、古くから、赤いとうがらしをわらでつないだかざりを玄関や軒下につるしておく風習がある。災いの身がわりになるとか、悪霊よけになると信じられてきたんだ。今では土産物や部屋のかざりとしても人気がある。

ピーマン、パプリカ

ナス科 ***Capsicum*** 属
Capsicum annuum 種
英名 **Bell pepper、Sweet pepper**

とうがらしの一種

ピーマンとパプリカはとうがらしの品種の一つだよ。コロンブスが伝えた中米のからいとうがらしを、ヨーロッパやアメリカでからくないものに品種改良したんだ。英語では両方とも「ベルペッパー、スウィートペッパー」というんだ。アメリカでは３色を並べて「交通信号とうがらし」と書いて売っているよ。おもしろいね。アメリカ人はこういうユーモアが好きなんだ。

日本では 140 年ぐらい前から作っている。ビタミンＡとＣがたくさんあって、特にビタミンＣがたくさん含まれている。しかも、とうがらしのビタミンは熱に強いから、煮ても焼いてもこわれにくい。ミネラルもたっぷり入っていて、すばらしい野菜だ。緑色のピーマンは、よく熟していないから少し苦いけれど、カラーピーマンやパプリカは、よく熟しているからにがくない。英語では「甘いとうがらし」というぐらいだからね。え？　きらいだって？　そうか、やっぱりね。

原産地	ヨーロッパと米国でとうがらしを品種改良
日本への伝来	明治初期、アメリカから

収穫量

ピーマン（2013 年公表）

日本全体		14.5 万トン
1	茨城県	3.5
2	宮崎県	2.7
3	高知県	1.3

パプリカ（2014 年公表、単位がちがうことに注意）

日本全体		4000 トン
1	宮城県	932
2	茨城県	560
3	熊本県	380

世界全体（2013 年）		3113.1 万トン
1	中　国	1580.0
2	メキシコ	229.4
3	トルコ	215.9

世界統計はピーマンとパプリカを含む。

とうがらしの花
ピーマンやパプリカだけではなく、ほかのとうがらしもこんな花が咲く。花びらは６枚がふつうだけれど、５枚や７枚のものもある。実際の大きさはこの絵よりかなり小さく、大人の親指のつめぐらいだ。

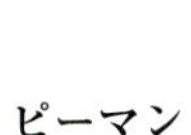

ピーマン
とうがらし全体を意味する、フランス語のピーマンからとった、日本だけで使われている名前。

国中で愛されているパプリカ

ヨーロッパのまんなかに、ハンガリーという美しい国がある。とうがらしからパプリカを生み出した国だ。だから、「パプリカ」はハンガリー語なんだ。今もヨーロッパ中に輸出するほど栽培しているし、パプリカを使ったおいしい郷土料理がたくさんあって、毎日のように食べる。特に有名なのは、グヤーシュという肉シチューだ。ハンガリー人は、パプリカをとても誇りに思っていて、国民野菜だといって自慢するんだ。これほどみんなに愛されているパプリカは幸せだね。もちろん、ハンガリーにも、パプリカがきらいな子どもはいるはずだ。そんな子は、毎日パプリカが出てきたらどうするんだろうね。

子どもはピーマンやパプリカ特有のにがみを、大人より強く感じるそうだ。だから子どものときはきらいでも、大人になると好きになることがよくある。でも、細かくきざんでチャーハンに入れたりしてむりやり食べさせると、大人になってからもずっときらいなままなのだそうだ。ということは、ピーマンやパプリカがきらいならきらいでいいんだよ。

「食べなさいっ」っていわれても、残してしかられても、「大人になったら食べる」っていっておけばいいんだ。そのうち自然に好きになるさ。どうしても食べたくなかったら、「じゃあセロリ食べて」といい返す手もある。そのわけはこの続きで。

畑のピーマン
ピーマンもパプリカも、下
向きにぶらさがって育つ。

カラーピーマン
オレンジ色のものもある。
パプリカより細長い。

きらいな野菜、好きな野菜

ピーマンも、畑でよく熟すとパプリカのように赤や、黄色やオレンジ色になる。カラーピーマンというんだ。日本ではよく熟す前に収穫した緑色のピーマンがほとんどだけれど、欧米ではカラーピーマンのほうが人気があるそうだ。緑色のよりもにがくないし、赤や黄色だと子どもが食べてくれるからだってさ。

つまり、どこの国でも子どもはピーマンがきらいなんだ。セロリ（37 ページ）の続きだけど、タキイ種苗の 2015 年の調査では、**子どもがきらいな野菜**の１位はピーマンだ。２位はゴーヤで、トマト、とうがらし、セロリ、なす、春菊、ねぎ、にんじん、きゅうり、と続く。ピーマンはこれまでも３位以下になったことがない。

子どもが好きな野菜はトマトがそれまでと変わらずダントツで、２位はじゃがいも、以下、にんじん、とうもろこし、さつまいも、ブロッコリー、きゅうり、枝豆、すいか、かぼちゃ、と続く。にんじんが３位だなんて、信じられないなあ。

大人がきらいな野菜は、ゴーヤが１位。長年１位だったセロリは２位だけど、男性だけなら今も１位だ。以下、トマト、なす、モロヘイヤ、春菊、カリフラワー、ピーマン、きゅうり、ズッキーニと続く。ほらね、ピーマンは大人になると８位まで下がってしまうんだ。**大人が好きな野菜**は、１位はトマト、２位以下はじゃがいも、たまねぎ、キャベツ、枝豆、メロン、すいか、なす、とうもろこし、かぼちゃ、と続く。ほら、にんじんが好きな人なんていないよ。男性と女性でも少しちがう。大人全体ではトマトが１位だけど、男性だけならじゃがいもが１位だよ。おもしろいね。ちなみに縄田先生はオクラが大好きで、ぼくはさつまいもが大きらいだ。

きゅうり　胡瓜

ウリ科　***Cucumis*** **属**
Cucumis sativus **種**
英名　**Cucumber**

加賀太きゅうり

昔のきゅうりはまずかった

　きゅうりは栄養のない野菜だ。カロリーがゼロに近く、ビタミンやミネラルなども、少ないどころかビタミンCをこわす酵素まで持っている。1987年に、ギネスブックに「世界で最もカロリーの少ない果実」と認められたんだ。え？　きゅうりが果物？　いや、野菜だろうが果物だろうが、実は「果実」なのさ。

　それほど栄養がないのに、日本人はきゅうりが大好きだ。日本は世界有数のきゅうりの消費国で、一世帯が年に7,944グラム注、80本近くも食べている。

　ところが江戸時代の末までは人気のない野菜だったんだ。一つには切り口が徳川家のあおいの紋に似ているので、おそれ多いからといって、武士の多くがきゅうりを食べなかったからだ。徳川家は、江戸時代に将軍、今なら総理大臣を代々つとめた家柄だ。もう一つには、おいしくなかったからだ。江戸時代に、貝原益軒という漢方医学者がいた。その人が、きゅうりのことを「これ瓜類の下品なり。味良からず、かつ小毒あり」と本に書いているんだ。「きゅうりはうりの仲間では最低だ。まずいし、毒もちょっとある」という意味だよ。当時のきゅうりは、今とちがってすごくにがかったらしいし、黄色くなるまで熟したものを食べていたので、まずいのはあたりまえだよ。日本人がきゅうりをよく食べるようになったのは、江戸時代の末に、今の東京の江東区あたりの農家が品種改良を進め、にがみの少ないきゅうりが江戸中に出回ってからなんだ。

注：2013～2015年の総務省統計局の「家計調査」による。http://www.stat.go.jp/data/kakei/5.htm

原産地　インド北部
日本への伝来　平安時代以前
中国から

収穫量（2013年公表）

日本全体		58.7万トン
1	宮崎県	6.1
2	群馬県	5.7
3	埼玉県	4.9
世界全体		7136.6万トン
1	中　国	5431.6
2	トルコ	175.5
3	イラン	157.0

世界統計は、ガーキンという、ピクルスにするきゅうりを含む。

徳川家のあおいの紋

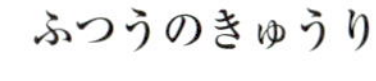

ふつうのきゅうり

おいしい野菜はだれのおかげ？

　この絵を見て、「なんだこのでっかいのは」ってびっくりするだろう。「加賀太きゅうり」といって、石川県の特産野菜だ。１本が１キログラム以上、ふつうのきゅうり10本分を超えることもあるほど大きいけれど、とてもおいしい。石川県金沢の米林利夫という農家の人が、1936年に東北のきゅうりの種をもらって育てはじめ、その後10数年もかけて品種改良を重ね、やっと安定[注]して作れるようになったおばけきゅうりだ。今ではハウスで育てていて、石川県人の自慢の野菜だよ。

　品種改良というのは、とても時間と手間のかかる仕事なんだ。毎年、性質のいいもの同士を交配してその種をまき、育ったものの中からまたいいものだけを選んで交配し、ということを何代も何代もくり返して、ようやく安定した品種に作り上げることができる。根気がなくてはできない仕事だ。米林さんや、白菜の沼倉さん（11ページ）のような心意気のある人たちがそれをやってきたんだ。

　でもね、今ではキャベツのところ（８ページ）で話したＦ１がほとんどで、農家では品種改良をしなくなった。各地の大学や農業試験場や、種苗会社がやっているんだ。それぞれが得意なことをうまく分担しているんだよ。

　野菜を研究する人、品種改良をする人、いい種をたくさん作る人、種をまいて育てて収穫する人、それを集めて朝早く中央卸売市場へ運ぶ人、市場でせりをする人、買いつけてスーパーや八百屋で売る人、買ってきておいしい料理を作る人。大勢の人びとが役割を分担して、やっとおいしい野菜が食べられる。みんなにありがとうといいたいね。

注：「安定」とは、実った種から何代も親と同じものが揃って育ち、へんなものが出てこないこと。

畑のきゅうり

きゅうりやかぼちゃなどウリ科の植物は、ほとんどがつるを持っている。きゅうりも「つる植物」で、細い針金のようなつるをのばして、自分で高いところへ登っていく。大人の背丈よりも高くなるけれど、支えがないと自分では立てない。だからきゅうり畑では、長い棒をたくさん立てて、ひもやネットを張っておくんだ。

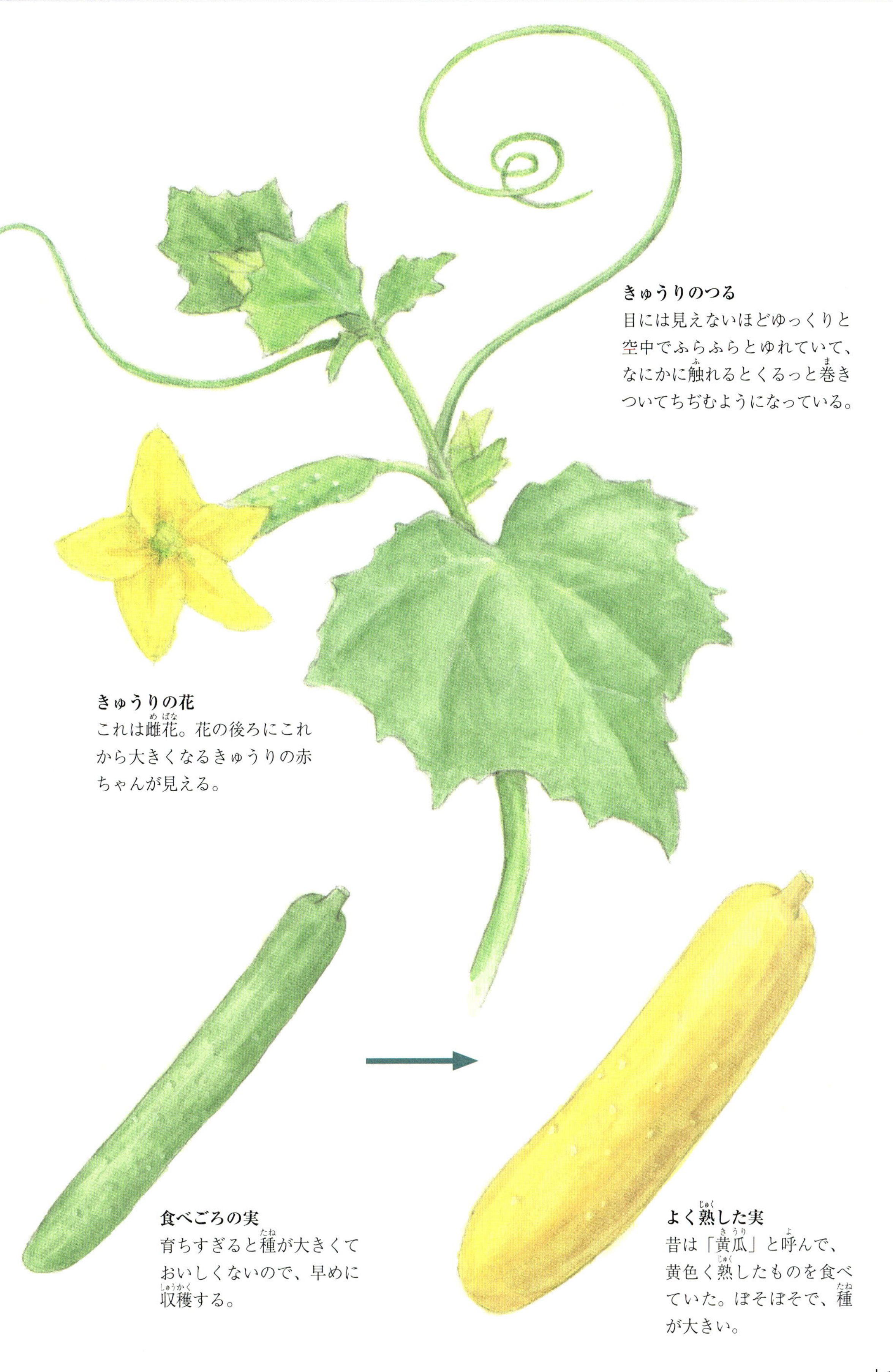

きゅうりのつる
目には見えないほどゆっくりと空中でふらふらとゆれていて、なにかに触れるとくるっと巻きついてちぢむようになっている。

きゅうりの花
これは雌花。花の後ろにこれから大きくなるきゅうりの赤ちゃんが見える。

食べごろの実
育ちすぎると種が大きくておいしくないので、早めに収穫する。

よく熟した実
昔は「黄瓜」と呼んで、黄色く熟したものを食べていた。ぼそぼそで、種が大きい。

かぼちゃ　南瓜　唐茄子

ウリ科　***Cucurbita*** 属
Cucurbita maxima 種など
（***C .moshata***、***C .pepo***）
英名　**Squash**注
　　　Pumpkin

赤皮栗かぼちゃ
西洋かぼちゃの仲間。

黒皮栗かぼちゃ
西洋かぼちゃの仲間。

おもちゃかぼちゃ
ペポかぼちゃの仲間。絵のようなかわいいおもちゃのような品種を、日本ではおもちゃかぼちゃとも呼んでいる。

スイートダンプリング
ペポかぼちゃの仲間。

厄よけの野菜

かぼちゃは大きく分けて東洋かぼちゃ、西洋かぼちゃ、ペポかぼちゃの３つの種がある。どれも原産地は南北アメリカ大陸だよ。日本には、16 世紀にポルトガルの船が、東洋かぼちゃを伝えたんだ。なぜ「かぼちゃ」なのかというと、その船が途中で東南アジアのカンボジアによって来たからだそうだ。カンボジアは南国だから、「南瓜」、つまり南のうりともいうよ。

日本では昔から冬至の日にかぼちゃを食べる習わしがある。冬至は、１年で昼が最も短い日のことで、北半球は 12 月 22 日ごろだ。かぼちゃは夏野菜なのに、なぜ冬に食べるのかって？冬至は不吉な日と信じられていて、その厄を払うためなんだ。それに栄養たっぷりで、保存がきくからさ。昔は冬に食べられる野菜が少なかったんだ。ほかにも、冬至に「ん」がつく７品を食べると幸運が訪れるという言い伝えもある。南瓜（かぼちゃの別名）、れんこん、にんじん、ぎんなん、きんかん、かんてん、うんどん（うどんの昔の名前）の７品だってさ。

注：赤皮の品種だけをパンプキン、ほかはすべてスクワッシュという。

原産地	南北アメリカ大陸
日本への伝来	1552年 ポルトガルから
収穫量（2013年公表）	
日本全体	22.7万トン
1　北海道	11.3
2　鹿児島県	1.3
3　茨城県	0.9
世界全体	2468.0万トン
1　中　国	710.0
2　インド	490.0
3　ロシア	112.8

バターナッツ
東洋かぼちゃの仲間。

黒皮かぼちゃ
東洋かぼちゃの仲間。

かぼちゃで作ったランタン男の顔のちょうちん。中にろうそくを入れる。これも、ペポかぼちゃの仲間。

ハロウィンのかぼちゃ

かぼちゃといえば、ハロウィンを思い出す。あれはなんのお祭りか知っているかな。もとは紀元前の大昔に、ヨーロッパに住みはじめた、ケルト族という民族の収穫感謝祭なんだ。10月31日は、ケルト族の1年の終わりの日、大みそかだ。その日に、大きなかぶをくりぬいて作った悪霊よけのランタン（ちょうちん）を、家々の前にかざっておく風習があった。ケルト族の伝説の男、ジャック・オ・ランタン（ちょうちん男）が出所なんだ。男は生前になまけ者だったので、死後の世界に入るのを拒まれ、地獄の火を大きなかぶに入れて、ほどこしを求めてさまよっていると言い伝えられている。イギリスやアイルランドで続いたこのお祭りを、アメリカへ移住した人たちが、かぶのかわりに、かぼちゃをくりぬいて魔よけのランタンを作ってはじめたのが、今のハロウィンだ。でも、アメリカでは収穫感謝祭は別の日（11月第4木曜日）にあるから、ハロウィンはなんのお祭りだかよくわからない。でも、意味なんかどうでもいいんだ。かぼちゃのちょうちんを作ったり、ジャックのふりをしてお菓子をねだってまわったり、大さわぎを楽しんでいるんだ。ハロウィンがさかんなのは、今ではアメリカやイギリス、カナダなど、英語を話す国が多いよ。

アトランティック・ジャイアント
自分の重みに押しつぶされて、空気のぬけた熱気球のような、だらしのないかたちになる。西洋かぼちゃの仲間。

軽トラックより重いかぼちゃ

世界一重いかぼちゃは、2014年にスイスの農場で育って、ドイツの農産物コンテストで優勝したかぼちゃだ。重さがなんと953キログラム、ふつうの軽トラック1台分よりかなり重い。これは「アトランティック・ジャイアント」という特別大きくなる品種で、世界中に記録を作るために育てている人たちがいる。日本記録は、2011年に北海道の農場でとれた591キログラムだ。もちろん食べられるけれど、おいしくないよ。でも、入賞すると種が高く売れるそうだ。

カナダには、このかぼちゃを半分に切ってくりぬいたカヌーで、湖をわたる競技がある。途中でたくさん沈没するのがおもしろいんだ。

かぼちゃの花

これは雌花。こぶのところがだんだんふくらんでかぼちゃになる。雄花はこぶがないだけで、とてもよく似ている。

畑のかぼちゃ

かぼちゃもつる植物だけど、きゅうりのように立ち上げるのではなく、地面にはわせることが多い。実がいたまないように、わらを敷いておく。絵は東洋かぼちゃの仲間。

オクラ　秋葵

アオイ科　***Abelmoschus*** 属
Abelmoschus esculentus 種
英名　**Okra**

切り口が八角形の品種もある。沖縄や八丈島には、切り口が丸いものもある。

悲しい歴史

野菜の名前のもとをたどると、いろんなことがわかる。どこで生まれたとか、どこから来たかとかだ。「オクラ」は英語だけど、もともとはアフリカのガーナという国で使っているトウィ語の「ンクラマ」なんだ。フランス語では「ゴンボ」といって、こっちはアフリカのアンゴラという国の言葉で、オクラを意味する「キンゴンボ」がもとなんだ。だからオクラは、アフリカからアメリカやフランスに伝わったとわかる。和名は「アメリカネリ」だ。オクラがどこから日本に伝わってきたかがわかる。

それだけではない。この話は、もっと奥が深いんだ。昔、ガーナやアンゴラなどから、南北アメリカ大陸やヨーロッパへ売られた「奴隷」が、オクラの種をこっそり荷物にかくして、売られた先の土地でくるしい労働のあいまに栽培して、遠い故郷をなつかしんだといわれている。オクラが、原産地の北東アフリカから南北アメリカやヨーロッパに伝わったのには、こんな悲しいわけがあるんだよ。もちろん今は奴隷制度なんてどこにもない。表向きはね。

でもね、まるで昔の奴隷のように、給料もろくにもらえず、学校へも通えず、毎日むりやり働かされている子どもは、今も世界中の子どもの９人に１人、１億７千万人[注]もいるんだ。中には、奴隷のように売り買いされたり、むりやり兵士にされて戦争をしている子どもも、８千500万人もいる。野菜の話とは関係がないけれど、奴隷は、昔の話ではなくて今もいるのだということを、平和で豊かな国、日本のみんなに話しておきたかったんだ。

注：2013年の国際労働機関（ＩＬＯ）の調査報告書による、５歳から17歳までの児童労働者数。家庭内労働や家業の手伝い、一時的なアルバイトなどは含まれない。

「5」にこだわるオクラ

オクラは5にこだわっている。実が5角形だし、ほとんどの葉が5本指だし、花びらが5枚だ（77ページ）。なぜそうなのか。アオイ科の植物の「基本数」が5だからだ。植物の基本数とは、植物それぞれが持っている花や実を作るときのもとになる数のことで、2、3、4、5などがある。同じ仲間の植物の基本数は、同じかその倍数のことが多い。

オクラのかたちを描いてみよう

オクラの切り口よりも正確な正五角形を、コンパスと定規だけで簡単に描く方法がある。知っていると、星のかたちも簡単に描けるんだ。紙と鉛筆とコンパスと定規が近くにあったら、右の図を見ながらやってみよう。

1. まず、定規で水平の線を描こう。その上の好きなところに点Aをとる。Aを中心に（Aにコンパスの針を置いて）円を半分描き、水平の線と交わる点をBと決める。次にBを中心に同じ大きさの円を半分だけ描く。2つの円が交わる点pとqを、直線で結ぼう。2本の直線が交わる点を、Oとする。Oを中心に、また同じ大きさの円を描こう。この円の中に、これから正五角形を描くんだ。この円と直線の、下の交点をCと決めるよ。
2. 中心がAで、Oを通る円を描こう。次にAとCを直線で結ぶと、今描いた小さい円と交わるね。その点をDとしよう。
3. 中心がCでDを通る円を、半分だけ描こう。すると、はじめに描いた大きい円と交わる点、EとFが決まるね。EとFを直線で結ぶと、これが正五角形の一辺だよ。
4. ここまでくればあとは簡単だ。中心がEで、Fを通る円を描くと、大きい円にぶつかるね。その点をGとして、EとGを直線で結ぶんだ。同じようにして、FとHを結ぶ直線も描こう。Gとてっぺん、Hとてっぺんをそれぞれ直線で結ぶと、ほら、正五角形の出来上がりだ。

人間はこうして簡単に五角形を作れるけれど、オクラはコンパスもなしで、どうやって作ったのだろう、大自然の不思議の一つだ。

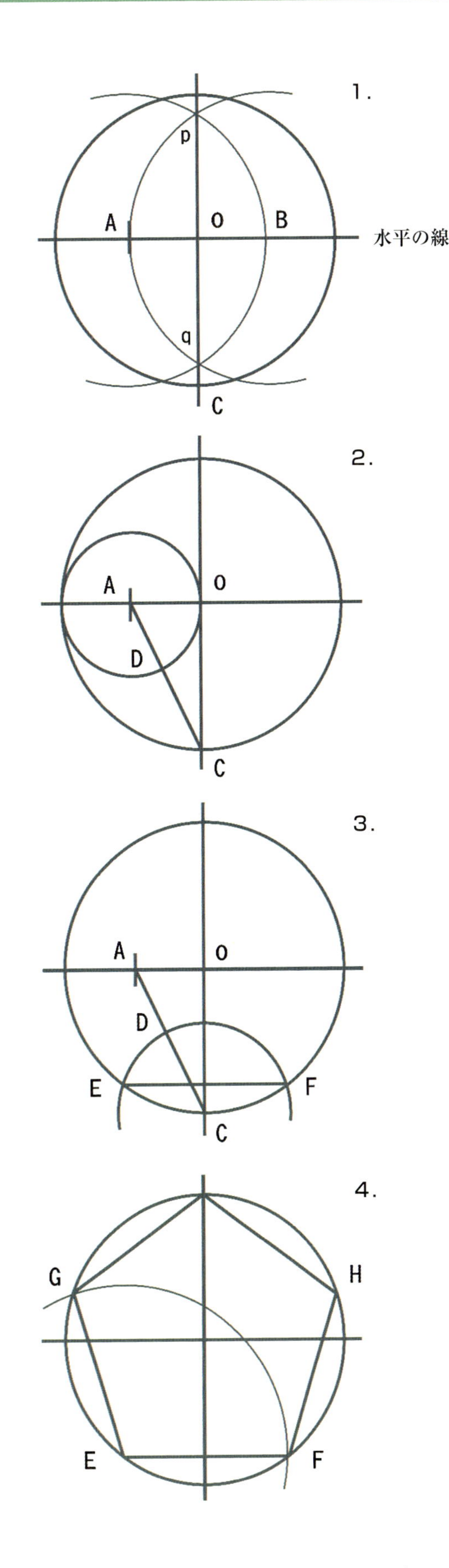

畑のオクラ

オクラの実は集まって上向きに育つ。育ちすぎるとかたくておいしくないので、早めに収穫(しゅうかく)する。大きいものをつみとっても、あくる日には次の実がもう大きくなっているから、毎日のように収穫(しゅうかく)できるんだ。花は１日でしおれてしまう。縄田(なわた)先生はこのオクラが大好物(だいこうぶつ)なんだ。

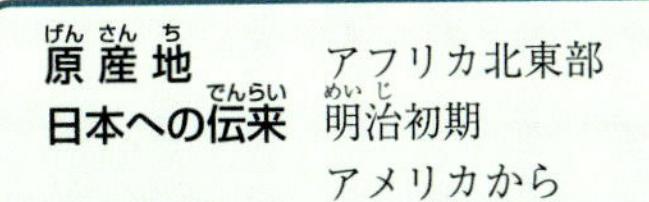

原産地　アフリカ北東部
日本への伝来　明治初期
アメリカから

収穫量（2014 年公表）

日本全体		12300 トン
1	鹿児島県	4930
2	高知県	1950
3	沖縄県	1180

世界全体（2013 年）		868.9 万トン
1	インド	635.0
2	ナイジェリア	110.0
3	スーダン	26.3

日本と世界で数字の単位がちがうことに注意。

オクラの花
野菜の花は、目立たないのが多い。でもオクラの花は、野菜の中ではずばぬけてはでだ。明るい黄色が遠くからでも目立つ。だから昔はハイビスカスの親戚だと思われていた。ハイビスカスは、南の国に咲く、すごくはでな花だ。

ハイビスカス
はでな赤が多いけれど、黄色もある。沖縄へ行くと、あちこちの民家の庭で咲いているよ。

とうもろこし

玉蜀黍

イネ科　*Zea* 属
Zea mays 種
英名　**Maize**
米名　**Corn**

4パーセントしか食べない野菜

とうもろこしは野菜だよね。でも、ちがうっていう人もたくさんいるんだ。とうもろこしと米と小麦は「世界三大穀物」で、中でもとうもろこしは世界で最もたくさんとれる「穀物」だよ。でも、そのうちの67パーセントは、人間が食べるのではなく、牛やぶたや、にわとりのえさになるんだ。最近では、全体の10パーセントはバイオエタノールという燃料になる。自動車のガソリンのかわりに使うんだ。そのせいで世界のとうもろこしが値上がりして、主食として輸入している国が困っている。世界でいちばんたくさん輸入しているのは日本だけど、その日本でも家畜のえさが値上がりしてたいへんなんだ。残りのほとんども、食用油やコーンスターチというものの原料になって、結局人間が直接食べるのは、世界中でとれるとうもろこしのうち、たったの4パーセントだよ[注]。

でも世界中には、日本人がお米を食べるように、とうもろこしを主食として食べている人たちがたくさんいるんだ。かたくなるまで熟した実を粉にして、おかゆやホットケーキのようなものを作って食べている。麦や稲が育たないけわしい山でも育つから、山の中に住んでいる人たちにはなくてはならない作物なんだ。

注：FAOによると2013年の世界総生産量は、とうもろこし10.2億トン、米7.4億トン、小麦7.2億トン。よく熟す前に野菜として食べる「スイートコーン」は別の品種で、この数字には含まれない。

大自然のいたずら

かざって楽しむとうもろこし。こうしてつるしておくと、くさらないし、粉にすれば食べられる。だけど、へんなとうもろこしだね。はじめて見たときは、だれかが色マーカーでいたずらしたなと思ったんだ。でも、自然界ではこんなことが起こるんだ。これはキセニアという現象で、粒ごとにちがう品種の花粉がついて、まだらになるんだ。縄田先生は、キセニアは遺伝の仕組みの表れだよというけれど、ぼくには大自然がいたずらをしたとしか思えない。

畑のとうもろこし

１本の株に、多いときには
６本か７本の実ができる。
実の先の毛のかたまりは、
花びらではなく、雌しべ。

原産地	メキシコから中米
日本への伝来	1579年 ポルトガルから

収穫量（2013年公表）

日本全体		25.5万トン
1	北海道	12.1
2	千葉県	1.8
3	茨城県	1.4

日本はスイートコーンだけ

世界全体		101811.2万トン
1	アメリカ	35369.9
2	中　国	21848.9
3	ブラジル	8027.3

とうもろこしの雄花
稲の仲間だから、花はふさごとに見ると稲の花にそっくりだ。黄色いつぶつぶが雄しべだよ。

とうもろこしは風まかせ

畑のとうもろこしを見たことがあるかな？　大人の背丈よりも高くて、木のように見える。でも、木ではなくて草だよ。イネ科、つまりお米の仲間なんだ。だから1年で枯れてしまう。次の年には新しい種をまくんだ。

とうもろこしの茎のてっぺんに、ほうきのようなものがついている。あれは雄花だよ。雌花は実の先についている毛のかたまりだ。あの毛は絹糸といって、じつは雌しべなんだ。実の粒のどれもに1本ずつつながっている。粒の数だけ毛があるっていうことだ。雄花にも雌花にも、花びらがないし、においもない。イネ科の植物はみんなそうだ。なぜそうなったのか。必要がないからさ。

種で子孫を増やす植物は雄しべで花粉を作り、それを雌しべにつけて種を作る。植物によっては、とうもろこしのように雄しべと雌しべが雄花と雌花に分かれているものもあるし、雄花と雌花の区別がなく、1つの花の中に雄しべと雌しべが同居しているものもある。どっちにしても、種を作るにはなんとかして花粉を雄しべから雌しべまで運ばなければならない。小鳥や昆虫、水の流れや風に運んでもらうなど、いろんなやりかたがある。とうもろこしは風まかせだ。小鳥や昆虫を呼びよせる必要がないから、花びらもにおいもない。そのかわり、たくさんいっしょに植えておかないと、花粉がよくつかなくて、実が歯ぬけになる。だから、家庭菜園で1本や2本育てても、なかなかうまくいかないんだ。

だいず　大豆

マメ科マメ亜科　*Glycine* 属　*Glycine max* 種

英名　**Soyabean**　米名　**Soybean**

枝豆

江戸時代の町人のあいだでは、枝についたままゆでたのを、片手でぶら下げて、道を歩きながら食べるのがはやったそうだ。

枝豆ももやしも大豆

みんなが大好きな枝豆は、まだよく熟していない、若い大豆だよ。熟す少し前にかりとってしまうんだ。おいしいだけでなく、栄養もたっぷりだし、おまけにアルコールの分解を助ける働きもあるそうだ。だから、大人がビールのおつまみにするのは、理屈に合っているんだ。

野菜炒めやラーメンに入っている「もやし」は、もともとは大豆の新芽だ。今は、輸入した緑豆や毛つるあずきという豆で作ったもやしがほとんどだけどね。どっちにしても、ビタミン類やミネラル類などをたくさん含んでいて、とても体にいいんだ。第二次世界大戦のときの古い話だけど、日本の潜水艦は、ビタミンを補うために艦内でもやしを栽培していたそうだよ。そのころは、ビタミン剤なんて日本にはなかったからさ。

大豆で作った自動車　ソイビーン・カー。
右側の人がヘンリー・フォードさん。
〔ヘンリー・フォード・ミュージアムの絵葉書より〕

いろんなものが作れる

欧米の人たちほど肉を食べない日本人にとっては、大豆はなくてはならない食べ物だ。タンパク質という、肉や魚にも含まれる大切な栄養が含まれていて、「畑の肉」というぐらいなんだ。とうふ、あげ、なっとう、みそ、しょうゆ、ゆば、きな粉、豆乳、食用油。ほかにもいろんなものが大豆からできる。

それほど大切な食べ物なのに、日本人が食べたり食用油にする大豆のうち、日本でとれるのは、たったの６パーセント[注]なんだ。縄文時代から栽培しているのにだよ。今はアメリカやブラジルから輸入しているんだ。

大豆からは、プラスチックも作れるんだ。アメリカの自動車王、ヘンリー・フォードさんは、バイオプラスチックス、つまり石油からではなく、植物から作るプラスチックで軽い車を作ろうと考え、大豆農園を買い入れて、大豆の研究を続けたんだ。そして 1941 年、ボディから骨組みまで、ぜんぶ繊維強化プラスチック、今でいうＦＲＰの試作車を作るのに成功し、「ソイビーン・カー」と名付けて発表した。ソイビーンとは、英語で大豆のことだ。ＦＲＰの芯材には今のガラス繊維やカーボン繊維ではなく、麻という植物の布を使ったので、まさしく生物プラスチックだといえるんだ。もちろん、エンジンや車輪はプラスチックではない。第二次世界大戦がはじまって、大量生産ができなかったのは残念だけど、最近になってスーパー・カーなどに採用されて自動車好きの間で話題になっている、車体がぜんぶＦＲＰの車は、とっくの昔にあったんだよ。しかも、今注目されている石油を使わないバイオ（生物）プラスチックスだ。もちろん、そのころ日本でも自動車を作っていたけれど、ぜんぶ鉄だから重くて性能が悪かったんだ。

注：農林水産省の発表では、食用油にする大豆を除いてとうふなどの食品用だけで計算すると、大豆の国内自給率は約 21 パーセントになる。

原産地　中国北東部

日本への伝来　縄文時代以前　中国から

収穫量（2013年公表）

日本全体		23.6万トン
1	北海道	6.8
2	佐賀県	1.8
3	宮城県	1.7
世界全体		27603.2万トン
1	アメリカ	8948.3
2	ブラジル	8172.4
3	アルゼンチン	4930.6

よく熟した大豆
とうふやなっとうやみそは、
この熟した大豆で作る。

大豆の花
鉛筆の先ほどの小さな
花がたくさん咲く。

大豆の新芽
種をまくと、出てくる新芽に押されて種が地上に現れ、そのまま「双葉」（最初の２枚の葉）になる。根がよく育つまでは、双葉にたくわえた養分で成長する。じつにうまくできているんだ。

畑の大豆
大人の腰ぐらいの高さにしかならない。葉を落とすと、82ページの枝豆になる。

えんどう　豌豆

マメ科　マメ亜科　***Pisum*** 属　***Pisum sativum*** 種
英名　**Pea**

えんどうはよくのびる

イギリスの古いおとぎ話に「ジャックと豆の木」というのがある。たぶん読んだことがあるだろう。ジャックという男の子が、お母さんにいわれて町へ牛を売りに行く。でも、道で肉屋の男にだまされて、豆粒とかえてしまう。怒ったお母さんが庭に捨てた豆が芽を出して、雲にとどくまでのびる。ジャックはそれを登って、雲の上で大男の家を見つけ、宝物を盗んで帰る。大男が追ってくるけれど、ジャックがおので豆の木を切りたおしたので、大男は落ちて死んでしまう、というお話だ。うーん、大男がかわいそう。なんにも悪いことをしていないのに。

この豆は、えんどうがモデルだといわれている。つまり、えんどうはそれほどよくのびるんだ。つかまるものさえあれば、つるを巻きつけてどんどん登っていく。雲にはとどかないけれど、4メートル近くになることもある。

このつるが、じつにうまくできているんだ。つるの先の「巻きひげ」にはセンサーがついていて、空中では長くのびてふらふらとゆれていて、なにかに触れるとくるっと巻きつく。そしてバネのようにちぢんで、自分をそのなにかに引きよせるんだ。早送りの動画で見るとすごいよ。手長ざるが木登りをしているように見えるんだ。88ページに絵がある。動画でなくて残念だけどね。

原産地　メソポタミア周辺
日本への伝来　9～10世紀
中国から
収穫量（2013年公表、さやえんどう）

日本全体	25800トン
1　鹿児島県	4670
2　和歌山県	3350
3　愛知県	1430

世界全体	2859.1万トン
1　中　国	1216.6
2　インド	460.6
3　カナダ	390.3

日本と世界で数字の単位がちがうことに注意。

グリーンピース
熟す寸前に収穫して、中の実だけを食べるのがグリーンピース。このほかにも、若いのをさやごと食べるさやえんどう、熟す少し前に収穫して、さやごと食べるスナップえんどう[注]、少し熟したのを、煮豆やいり豆にして食べる青えんどうなど、いろんなえんどうがある。どれも、それぞれちがう品種だ。

文明の開花を見たえんどう

えんどうは、漢字で「豌豆」と書くんだ。ほかでは使わないめずらしい字だ。中国では、豌一字でもえんどうという意味があるそうだよ。豆は「どう」とも読める。つまり、よく「えんどうまめ」というけれど、これを漢字にすると「豌豆豆」で、「えんまめまめ」になってしまう。

えんどうはとても古い野菜だ。今から1万5千年ぐらい前に、南西アジアのあたりで麦の栽培がはじまった。野生の動物や植物を食べていた狩猟民族が、はじめて農耕をやりはじめたんだ。その麦畑に、麦にまざって生えていた雑草が、えんどうの原種だそうだ。その草の実を食べてみたらおいしかったので、作物として栽培するようになった。それを長い間に改良したのが、今のえんどうだ。その後、多くの野菜が、こうした「野生植物の栽培化」で生まれることになる。

農耕のはじまりは、人類の歴史の中で、火の使用に次ぐ大きな改革だったんだ。不安定な、野生の動物や植物にたよっていた食糧を、自分で作れるようになった。ここで、人間はほかの動物とちがう道を歩みはじめたんだ。もっとも白ありの仲間にはきのこを栽培するのもいるけどね。でも、ありはずっと同じやりかたを続けたけど、人間はやりかたもどんどん進化させた。生活が安定して豊かになり、ゆとりも生まれた。そこから「文明」が一挙に花開くことになるんだ。人類にとっては大きな曲がり角だったんだよ。えんどうはずっとそれを見てきたんだ。

注：スナックえんどうは、日本でだれかが勝手につけた名前。スナップ（ポキンと折る）が正しい。

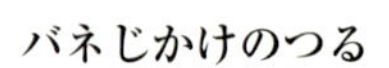

バネじかけのつる

つるの先の二またに分かれたところが巻きひげ。触れたものに巻きついて、バネじかけで自分の体をそれに引きよせる。

えんどうの花
まっ白な花や、まっ赤な花もある。スイートピーは遠い親戚だ。

ツタンカーメンのえんどう
緑色の実をお米といっしょに炊くと、あら不思議、赤飯になる。

古代エジプト王のえんどう

ツタンカーメンのえんどうという、さやがむらさきの品種がある[注]。紀元前14世紀のエジプトの王、ツタンカーメンの墓からミイラとともに出てきた豆の子孫だそうだ。そんな名前で売っているし、インターネットで調べてもそう書いてある。けれど、考古学者や植物学者は、この話をあやしいと見ているんだ。墓を発掘したドイツ人のハワード・カーターの出土品リストにえんどうはないし、仮にあったとしても、3千年もミイラが無事なほど乾燥したところにあった豆が芽を出すはずがない、あれば学会で大さわぎになっていたはずだというんだ。しかも、この話は日本だけで、欧米にはツタンカーメンのスイートピーの話はあるけれど、えんどうの話はない。ことのはじまりは、1956年、水戸市の団体がアメリカへ桜の種を贈った返礼に、アメリカの園芸家がえんどうの種と手紙を送ってくれて、その手紙にこの話が書いてあったのを、教育関係者やある新聞社が日本中にひろめたんだ。今ではその園芸家のおばさんの作り話だろうといわれている。でも、話としてはよく出来ていて、ロマンがあっておもしろい。だからみんなこの話が好きなんだ。

注：この品種はエジプトでは古くから栽培されていて、市場で山積みにして売っている。

そらまめ　空豆　蚕豆

マメ科　マメ亜科　*Vicia* 属　*Vicia fava* 種

英名　**Broad bean**

そらまめの実は、
さやの中でやわらかい
わたに包まれて、暖かそう。

昔は季節の野菜だった

そらまめも、大昔からある野菜だ。地中海の東岸にある新石器時代の遺跡から、そらまめが見つかっている。古代ギリシャや古代ローマでは、主食にするほど大切な作物だったそうだ。日本には８世紀ごろに中国から伝わったんだ。

そらまめは、もともとは秋に種をまいていた。芽を出してから冬の寒さにたえ、春には花を咲かせて実をつける。一度寒さに会わないと花が咲かないんだ。ところが、人間は勝手なもので、春にまいて、秋に収穫しようと考えた。でも、冬を越さないと花が咲かない。そこで種が芽を出すと、冷蔵庫に入れて２週間から４週間ほど冷やす。冬が来たと思わせるんだよ。こうしてそらまめは、秋にも収穫できるようになったんだ。

今では冬の寒さに会わなくても花を咲かせる品種が開発され、春にいきなり畑に種をまいて、そのまま秋に収穫することもできる。だから今では、ほとんど１年中そらまめが食べられるんだ。農家にとっては、種をまく時期を選んで何度でも出荷できるし、ぼくらは好きなときにそらまめが食べられる。でもね、季節の野菜、つまり野菜の「旬」が、またここでも一つ消えてしまったよ。

原産地 地中海東部 西南アジア
日本への伝来 8世紀ごろ 中国から
収穫量（2013年公表）

日本全体		17100トン
1	鹿児島県	4990
2	千葉県	2570
3	茨城県	1520
世界全体		350.3万トン
1	中国	158.6
2	オーストラリア	29.8
3	フランス	24.6

日本と世界で数字の単位がちがうことに注意。

マメ亜科の花（そらまめ）
花びらは5枚ある。絵では3枚しか見えない。あとの2枚は下の2枚の花びらの中にかくれている。

あこがれの花

マメ科の植物は大家族だ。745属19,500種もあって、中には家具を作れる大木もある。あまりにも多いので、マメ亜科、ジャケツイバラ亜科、ネムノキ亜科の3つに分けてある。そのうちのマメ亜科の花は、大きさや色はちがうけれど、かたちはどれもよく似ている。小さいのはれんげから、大きいのはふじの花まで、上の絵のように、ほかの花にはない独特のかたちだから、すぐにわかるよ。

そらまめの花はすごくおしゃれだ。小さな白い花びらに、黒むらさきの模様がある。花が枯れると、小さなさやが育ちはじめる。はじめはみんな上を向いて、空をめざしてのびていく。だから「空豆」という名前になったんだよ。さやが大空にあこがれているように見えるから、花言葉は「あこがれ」だ。でも、中の実が大きく育ってくると、重くてみんな下を向いてしまう。

花言葉って知っているかな。19世紀にヨーロッパの貴族のあいだではやり出したならわしで、ばらやチューリップを、恋人や恋人になってほしい人に贈るときにそえた言葉がはじまりだそうだ。今では野菜の花にもぜんぶ花言葉があるし、花ではないきのこにまである。しいたけの花言葉は「うたがい」だ。

花言葉が6つも7つもある花もある。大豆とえんどうのように、同じ花言葉を持っているのもある。「かならず訪れる幸福」だ。ピーナッツの花言葉は、わかりやすい。さやの中に2粒ずつ入っているから「なかよし」だ。おもしろいのはごぼうの花だよ。「私にさわらないで」だってさ。花屋では売っていないからそんなことはないと思うけれど、もし好きな子にごぼうの花を贈られたら、どうする？　あのね、レタスの花を返せばいいんだ。花言葉は「冷たい人」だ。本当に好きなら、オクラかアスパラガスの花もいい。オクラは「恋に身が細る」だし、アスパラガスは「耐える恋」「最後はわたしが勝つ」だからさ。

畑のそらまめ

若いときは、みんなで空を
めざしてのびていく。実が
育ってくると、重くなって
みんな下を向いてしまう。

そらまめの花
たくさんかたまって咲(さ)いて、1日で枯(か)れてしまう。花のあとに、小さなさやが花の数だけ上向きに育つんだ。

赤そらまめ
さやはふつうの緑色で実だけが若(わか)いときから赤い。お米にまぜてたくと、赤飯(せきはん)になる。

ピーナッツ　落花生 南京豆 唐人豆 異人豆 地豆

マメ科　マメ亜科　***Arachis*** 属　***Arachis hypogaea*** 種

英名　**Peanut、Ground nut**

ピーナッツのさやと実
さやは育ちはじめるときから茶色だ。若いときはつるんとしていて、熟すとでこぼこがはっきりしてくる。

洪水なんか怖くない

ピーナッツは、豆のくせになぜ土の中で育つのだろう。あのね、もともとは河原や水辺の砂地で大きな群れを作る植物で、種を水に運んでもらって子孫を増やす道を選んだからだ。地上で実が育つと動物に食べられてしまうから、土の中で洪水がくるのを待つ。洪水がきたら、土砂の流れに乗って遠くへ行って、新しい群れを作るんだ。さやが丈夫で水に強いのもそのためだ。ふだん洪水がないとき、その場で芽を出して群れを大きくするのにも、種が地中にあると都合がいい。

生まれは南アメリカだ。紀元前850年ごろの、ペルーの遺跡から出土している。日本には、1700年ごろに東アジアから伝わったんだ。和名がとても多く、落花生、南京豆、唐人豆、異人豆、地豆など、地方によってちがう呼びかたをしている。

ピーナッツは、天然の栄養カプセルといわれるぐらい、栄養たっぷりなんだ。おやつに食べるだけでなく、バターやサラダオイルにもなる。日本でいちばん収穫量の多い千葉県には、ピーナッツの甘納豆や、「みそピー」というみそ味のおいしいおかずがあるし、沖縄県には、ピーナッツのしぼり汁とさつまいものでんぷんで作った、「じーまーみどうふ」というおいしい「とうふ」があるよ。

原産地 南アメリカ

日本への伝来 1706年 東アジアから

収穫量（2013年公表）

日本全体	17300トン
1 千葉県	13600
2 茨城県	2110
3 神奈川県	320

世界全体	4565.4万トン
1 中 国	1697.2
2 インド	947.2
3 ナイジェリア	307.0

日本と世界で数字の単位がちがうことに注意。

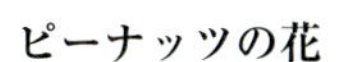

ピーナッツの花

下に見える３本の根のようなものは、「子房柄」というもので、花が終わったあとにのびてくる。これが土の中にもぐり、その先にさやが育ちはじめるんだ。

ピーナッツを育ててみよう

ピーナッツを育てるとおもしろいよ。種をまくと、１週間ほどで芽が出る。だんだん大きくなり、１カ月ほどすると、小さな黄色い花が咲く。ここまではほかの豆とかわらない。おもしろいのはここからだ。

花が終わると、そこから「子房柄」という根のようなものがたくさんのびてくる。やがて地面につきささって、土の中にもぐる。その先にさやができて、中で実が育ちはじめるんだ。実がしっかり熟したかどうか外から見えないから、ためしに少しだけ掘ってみるんだ。さやの表面のでこぼこがはっきり見えたら、熟している証拠だから、茎の根元を持ってゆっくりと引きぬく。さやのままのピーナッツが、土の中からぞろぞろ出てくる。そのまま風通しのいいところにつって乾かすんだ。振ってみてカラカラ音がしたら、出来上がりだ。もちろん、さやごと炒ってからでないと食べられないよ。

お店で売っているピーナッツは、さやつきでも炒ってあるから芽が出ないよ。本当に育てるのなら、園芸店で種か苗を買ってくるんだ。大きいプランターとねばりけのない土もね。ついでに種をまく時期や育てかたも聞いておくといい。

ピーナッツ大統領

ジミー・カーター元アメリカ大統領は注、若いときには潜水艦の乗組員だった。海軍をやめてから、生まれ故郷のジョージア州プレーンズで、大きなピーナッツ農場を開いて大成功したんだ。ジョージア州の知事や大統領になっても、農場を続けていたそうだ。大統領を４年でやめてからは、世界の平和のために世界中を訪ね歩いて、2002年にノーベル平和賞を受賞したんだ。プレーンズは小さな町だけど、まわりには大きなピーナッツ農場がたくさんある。奥さんのロザリンさんの実家も、大きなピーナッツ農家なんだ。もしかしたら、２人はピーナッツ畑でデートしたのかもしれないよ。

注：第39代アメリカ合衆国大統領（1976～1980年）

絵かきのうそ

　この絵は実物を見て描いたのではない。うそを描いたのだ。実際は、花が咲いているときに同時にさやがこんなに大きくなっているなんて、あり得ない。でもピーナッツがどうやって土の中で育つかは、これでわかるはずだ。写真だとこうはいかない。ピーナッツ畑を、スコップでたてに切って写真にとっても、なにがなんだかわからないよ。そこがイラストレーションのいいところだ。時間を操り、空間をねじ曲げ、あり得ないものをさもあるように見せる。実物より実物らしく見せる。時には、この世に存在しないものも描く。仮想の世界を作っているのさ。イラストレーターの本性は、うそつきなのかもしれない。縄田先生に、「それはいいすぎだろう」とたしなめられたけれどね。

畑のピーナッツ

ピーナッツは、やわらかい砂地や火山灰質の土地が適している。「子房柄」が土の中にもぐりやすいからだ。だから粘土質の関西地方では、ほとんど栽培していない。

ピーナッツ・ボッチ

収穫したピーナッツを、茎がついたまま畑に積みあげて、乾かしているところ。雨よけに、わらの屋根をかぶせてある。

だいこん　大根

アブラナ科　***Raphanus*** 属　***Raphanus sativus*** 種

英名　**Daikon、Japanese radish**

青首大根

明治のはじめに、細い大根を品種改良して生まれた大根。今では、日本で売っている大根の９割以上がこの青首大根だ。

聖護院大根

京都で古くから作っている伝統野菜

赤大根

いろんなところで作っている大根。中は白いので、輪切りにすると美しい。

ラディッシュ

二十日大根ともいう。

日本が世界一

大根は日本を代表する野菜だ。英語でもフランス語でも「だいこん」というほどで、世界の大根のほとんどを日本で作っている。とにかく日本人は、大根をよく食べる。最近はキャベツにぬかれる年もあるけれど、長い間、じゃがいもに次ぐ生産量を誇ったんだ。弥生時代（紀元前３世紀〜紀元後３世紀）にはもう日本にあったという説も一部にあるほどだから、ずいぶん古い野菜なんだ。

サラダにするラディッシュも、大根だよ。種をまいてからたったの二十日で食べられるので、二十日大根ともいうんだ。今から４千200年ほど前のエジプトで、ピラミッドを建設していた労働者たちも、これに似た大根を食べていたそうだ。ちゃんと記録に残っていて、大根を栽培した最も古い記録だといわれている。

大根の花

左はふつうの大根の花。右は花大根という、眺めて楽しむ大根の花。花大根の根は食べられない。

切りかたにこだわる日本人

大根にはいろんな切りかたがある。大根にはすじがあるから、切りかたによって歯ざわりも見た目もちがう。すると味までちがうように感じるんだ。みそ汁に入れるのだけでも、いちょう切り、たんざく切り、拍子木切り、細切りがある。さしみのつまは、かつらむきにして千切り。おでんに入れるのは、輪切り、半月切り。たくあんは、輪切り、半月切り、いちょう切り、拍子木切り、などだ。あられ切りや乱切りというのもある。ほかにも、きゅうりやセロリをななめに切るなど、野菜の切りかたにまでこだわるのが、日本人の美意識だ。欧米では、魚や野菜をはさみで切る人が多いよ。口に入ればいいってものじゃないのにね。

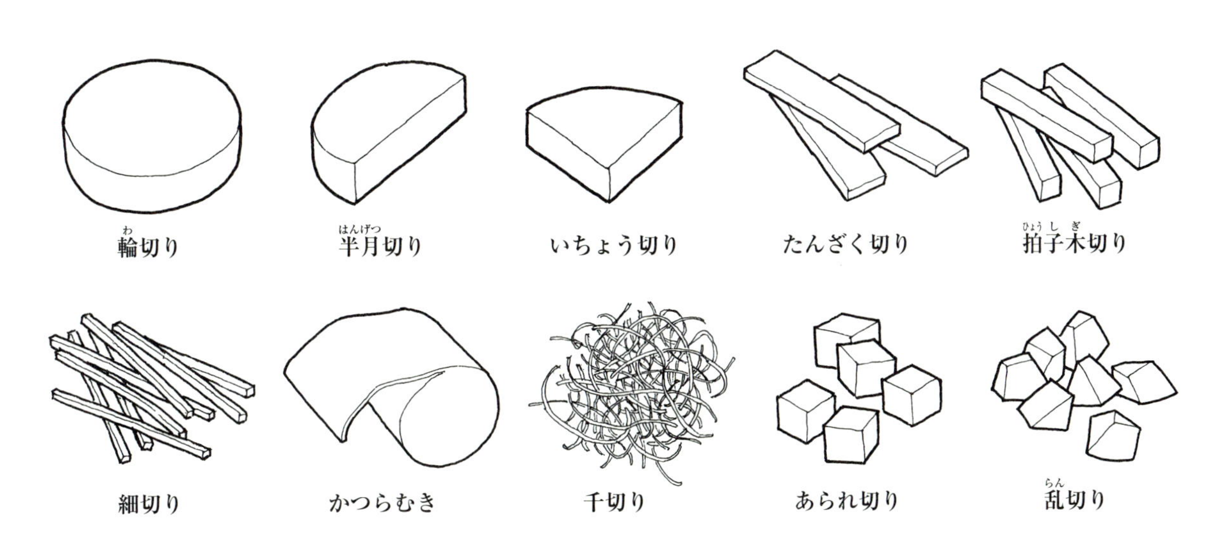

畑の大根

大根の葉は、炒めてふりかけにすると、すごくおいしいよ。葉にはビタミンやミネラルなどが、たっぷりつまっている。葉を切り落として、白いところだけを売っている店が多いけれど、もったいないね。いっしょに売ればいいのに。

原産地　地中海沿岸　中東

日本への伝来　弥生時代以降
中国から

収穫量（2013年公表）

日本全体		146.9万トン
1	北海道	17.1
2	千葉県	15.5
3	青森県	12.0

世界統計は見当たらないが、日本が世界全体の生産量の9割を占めるといわれる。

青首大根

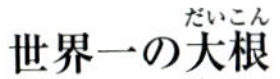

世界一の大根

絵は守口大根。大阪府の守口というところで栽培している世界一長い大根。大人の背丈ほどもあるから、収穫するときには苦労する。引っぱると切れてしまうから、掘り起こさねばならない。ふつうはお漬物にして売っているよ。

鹿児島県には、桜島大根という丸い大きな大根がある。98ページの聖護院大根に似ているけど、はるかに大きい。大きいもので30キログラムを超えることもあるおばけみたいな大根は、すじが少なくて甘味があり、大根の名品といわれる。ギネスブックに、世界で最も大きい大根として、認められているんだ。

黒大根

世界中にはいろんな色の大根があるよ。赤、緑色、黄色、むらさき。絵のように、まっ黒なものもある。中はやっぱり白い。日本ではめったに見ないけど、ヨーロッパでは、薬味野菜として使うそうだ。道理で大根おろしにするとすごくからい。

かぶ　蕪

アブラナ科　***Brassica*** 属
Brassica rapa 種の変種
英名　**Turnip**

赤かぶ
赤かぶも白かぶも、日本中にいろんな品種がある。赤かぶは、皮だけが赤いのと、中まで赤いのとがある。

葉っぱを食べるかぶもある

かぶも大昔からある野菜だ。日本でかぶを作りはじめたのは、奈良時代より前だそうだ。春の七草の一つで、昔は「すずな」とも呼んでいた。品種が多く、赤、白、半分赤で半分白、大きいのや小さいの、丸いの、細長いの。どれも「し」の字のかたちに曲がっている品種もある。かぶの兄弟には、根ではなく葉を食べるのもある。白菜、ちんげんさい、水菜、小松菜、野沢菜。え？　みんな菜っ葉じゃないかだって？　そう、どれも菜っ葉だよ。でもかぶの兄弟なんだ。属どころか、種まで同じラパ種だよ。

大根はまるで兄弟のようにかぶに似ているけど、ちがうんだ。親戚ではあるけれどね。同じアブラナ科だけど、属がちがう。花を見てもわかる。大根の花は白かむらさき色だけど、かぶの花はどれも黄色で、なのはなにそっくりだ。ラパ種の兄弟は、花だけを見たら、縄田先生でさえ兄弟の中のどの品種の花なのか迷うそうだよ。

聖護院かぶ（左）
京都で作っているかぶ。京都名産の千枚漬けは、このかぶで作る。

かぶの花もなのはな
かぶは、あぶらな、つまりなのはなの仲間だから、花もなのはなそっくりだ。

舘岩かぶ
福島県の舘岩地方で作っているかぶ。舘岩村は町村合併で消えてしまったけれど、かぶの名前で残っている。

白かぶ

壮大なドラマ（２）

かぶの原産地は、２つあるそうだ。中近東から地中海のあたりで生まれたかぶをヨーロッパ系、アフガニスタンのあたりで生まれたかぶをアジア系と呼んでいる。日本には、ユーラシア大陸の北のほうからはヨーロッパ系、南からはアジア系が、別々に伝わったと考えられる。なぜなら、日本中で多くの品種を栽培しているけれど、東日本にはヨーロッパ系、西日本にはアジア系と、かたよって分布しているからだ。育種学者の中尾佐助博士は、日本中のかぶを調べてまわった農学者の青葉高博士の論文を読んで、かぶの種類が岐阜県の関ヶ原をたてに通る線で東と西に分かれることに気づいて、この線を「かぶらライン」[注]と名付けたんだ。２人の研究が、日本の農耕文化がどこから伝わったかという、ほうれん草（23ページ）のところで話したあの壮大なドラマの研究に役立っているそうだ。東日本の農耕文化も朝鮮半島から伝わったという説がある一方で、かぶとともにシベリアからサハリンを通って、北海道に伝わったという説をとなえる学者もいるんだ。ということは、ひょっとしたら、日本人とロシア人は遠い親戚かもしれないよ。

注：「かぶら」はかぶの本来の名前。「かぶ」は室町時代に宮廷の女官が使っていた女言葉。

津田かぶ

島根県の津田というところで作っているかぶ。ぜんぶ「し」の字に曲がっている。17世紀ごろから作っている伝統の野菜で、右の日野菜が祖先なんだ。津田名産のお漬物がおいしい。漬ける前に、竹のさくに5、6段もつるして日に干すやりかたを、「はで干し」といって、この地方の冬の風物詩になっているそうだ。このほかにも、地方色豊かなかぶが、日本中に80品種以上もあって、収穫量は少ないけれど、それぞれの土地の農家の人たちが、伝統を守り続けようとがんばっているんだ。

原産地 1　アフガニスタン
2　中近東から地中海沿岸

日本への伝来 奈良時代以前
中国とシベリアの2方向から

収穫量（2013年公表）

日本全体	136100トン
1　千葉県	36600
2　埼玉県	17900
3　青森県	8850
4　京都府	5480
5　北海道	5250

世界全体
統計がない。ＦＡＯの世界統計では、かぶはなぜかにんじんに含まれる。

日野菜

滋賀県の日野というところで作っている、細い大根のようなかたちのかぶ。漬物にするととてもおいしい。

ちんげんさい

これもかぶの仲間。古くから中国にあるパクチョイという野菜の一種。日本に伝わったのは、1970年ごろと新しい。11ページでも話したよね。

にんじん　人参

セリ科　***Daucus*** 属
Daucus carota 種の亜種
英名　**Carrot**

にんじんの東西対決

にんじんは大きく分けて2種類ある。生まれはアフガニスタン。東へ行って中国で改良された、赤くて先のとがったのが東洋にんじんで、日本に来たのは16世紀ごろだ。西へ行って、ヨーロッパで改良された、だいだい色でずんぐりとしたのが西洋にんじんだ。日本で売っているのは、ほとんどが江戸時代の末に、ヨーロッパから伝わった西洋にんじんだよ。東洋にんじんは、ほとんどが消えてしまったけれど、がんばって生き残っているのもある。主に関西地方で育てている、金時という品種だ。金時は中まで赤く、甘味が強い。ふだんはあまり見ないけれど、お正月前になると出てくるよ。おせち料理や京料理によく使うんだ。

にんじんの花

にんじんはセロリやパセリと同じセリ科の植物だ。だから花はセロリの花に似ている。

原産地　アフガニスタン

日本への伝来　16世紀
中国から（東洋系）

収穫量（2013年公表）

日本全体		61.3万トン
1	北海道	18.6
2	千葉県	11.1
3	徳島県	4.8
世界全体		3722.7万トン
1	中　国	1682.9
2	ウズベキスタン	164.2
3	ロシア	160.5

FAOの世界統計は、なぜかかぶを含む。

皮はむかなくてもいい

にんじんの皮って見たことあるかな。たぶんないと思うよ。本当はうすくて白っぽい皮がある。でも、市場に出荷する前に、大きな洗濯機のような機械でむくんだ。もし残っていても、ごしごし洗うだけで落ちてしまうほどうすい。みんなが皮だと思ってむいてしまうところは、にんじんにたくさん含まれるカロチンやビタミン類などの栄養分が集まっているところだし、甘味も多い。むいて捨てるなんて、ポッキーのチョコレートをむいて捨てるようなものさ。

にんじんの旅

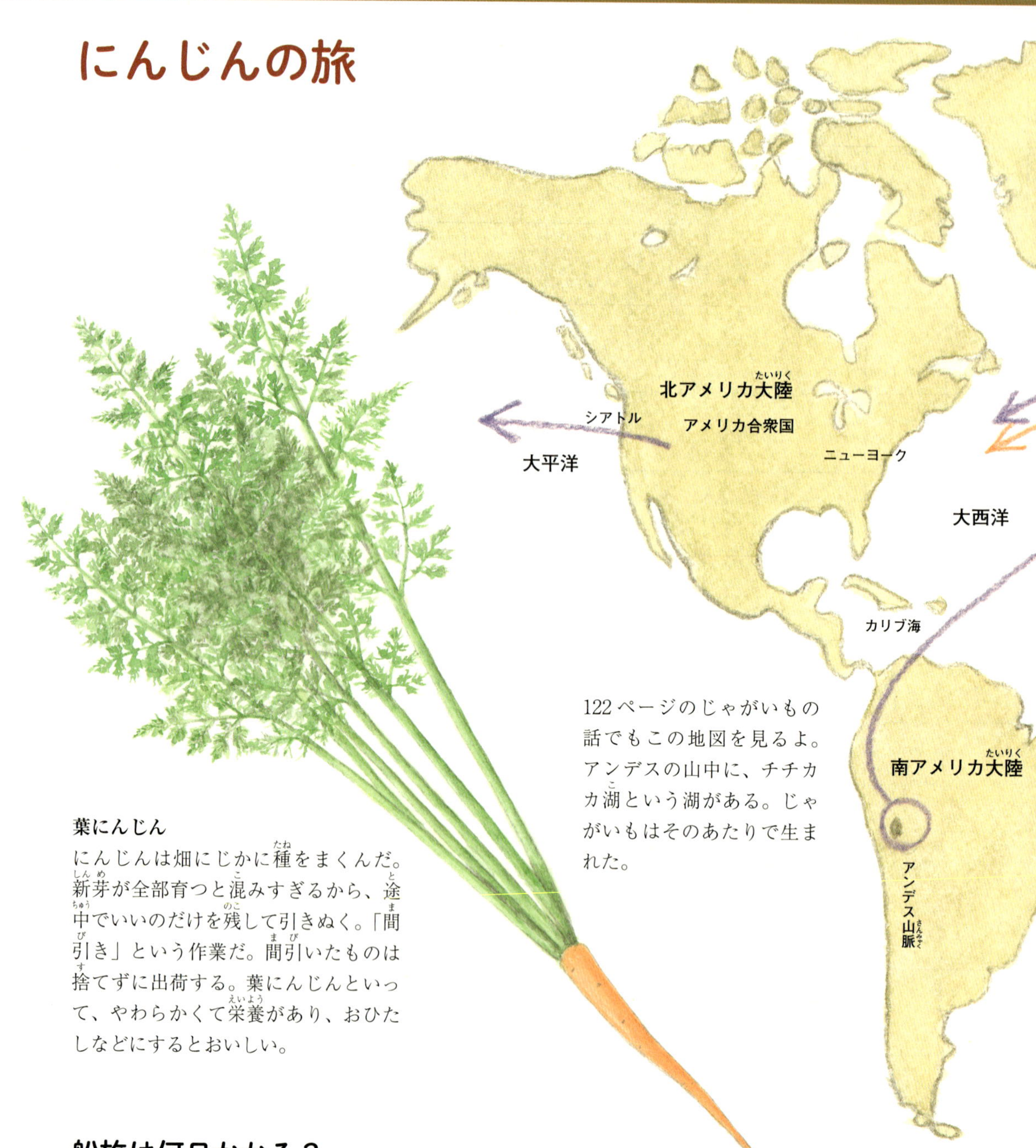

122ページのじゃがいもの話でもこの地図を見るよ。アンデスの山中に、チチカカ湖という湖がある。じゃがいもはそのあたりで生まれた。

葉にんじん

にんじんは畑にじかに種をまくんだ。新芽が全部育つと混みすぎるから、途中でいいのだけを残して引きぬく。「間引き」という作業だ。間引いたものは捨てずに出荷する。葉にんじんといって、やわらかくて栄養があり、おひたしなどにするとおいしい。

船旅は何日かかる？

昔は、にんじんだけでなく、いろんな野菜がヨーロッパから帆船で運ばれて日本へ来た。もちろん当時は生の野菜や苗ではなく、種で運んだんだ。今では飛行機で生野菜を１日で運ぶけれど、船だと何日ぐらいかかるのだろう。

今なら、イギリスから北アメリカまで大西洋を船で渡っても、早ければ４日か５日で行ける。でも、とうがらしのところ（59ページ）で話したコロンブスの最初の航海では、スペインからカリブ海の島まで、帆船で大西洋を渡るのに72日かかったんだ。バスコ・ダ・ガマは、ポルトガルからインドまで10カ月以上もかかっている。途中、アフリカの沿岸でより道もしたけれどね。

帆船で早かったのは、1869 年に中国の上海からイギリスまで喜望峰まわりで紅茶を運んで帰った、イギリスのサーモピレー号の 91 日だ。同じ型の帆船、カティー・サーク号は、同じルートを 107 日で航海した。西洋にんじんが日本に来たのはその少し前だから、たぶん５カ月はかかっただろう。そのころから、遠洋航海にも蒸気船が使われはじめ[注]、1869 年には地中海から直接インド洋へぬけるスエズ運河も開通して、帆船は消えていったんだ。今では、スエズ運河を通れば日本からイギリスまで、高速のディーゼル船で 24 日ほどで行ける。大平洋も、日本から北アメリカの西海岸のシアトルまで、早い船だと９日で行けるよ。

注：蒸気船がはじめて大西洋を渡ったのは 1838 年。イギリスの客船が 18 日かかった。

ごぼう　牛蒡

キク科　***Arctium*** 属　***Arctium lappa*** 種

英名　**Burdock、Gobo**

葉ごぼう
若ごぼうともいう。葉や葉のじくを食べるごぼう。大阪府の八尾市や福井県で作っている。

木の根ではない

ごぼうは、日本人しか食べない。中国で古くから漢方薬として薬屋で売っていたのが日本に伝わって、やがておかずとして食べるようになったんだ。今は中国北部や韓国、台湾でも食べるけれど、少し前に日本人が伝えたんだ。だから「日本人は木の根を食べる」なんて、へんなうわさが世界中に流れているよ。

第二次世界大戦のときの話だ。新潟県の直江津というところにあった、日本軍が捕らえた、アメリカ兵やオーストラリア兵の捕虜を収容する施設で、食糧不足で粗末な食事しか出せないのを気の毒に思った日本の係官が、苦労してごぼうを手に入れ、料理してふるまった。当時は日本人でもめったに食べられなかったごちそうだ。ところが戦後その係官は、木の根を食べさせたといわれて裁判にかけられ、捕虜をひどい目にあわせた罪で処刑されたという話がある。きみたちも知っている『はだしのゲン』にも、この話が出てくるよ。国会でも話題になったことがあるんだ。日本の食文化を知らない人たちの誤解が生んだ悲劇として伝わる話だ。実際はごぼうが処刑の理由ではないらしいんだけどね。でもね、係官のほうも外国人はごぼうを食べないことを知らなかった。他国の文化や習慣をたがいに理解し合うことが、どんなに大切かということだよ。

ややこしい話

ややこしい話をしよう。「やまごぼう」という、小さな赤黒い実のなる野草がある。道ばたに生えていることもある。キク科ではなくヤマゴボウ科で、毒があって食べられない。ところが、「山ごぼう」という名前で売っている山菜が別にある。もりあざみやおにあざみというキク科の植物の根だ。葉っぱも花も、ふつうのあざみによく似ている。つまり、ヤマゴボウ科ではないのに「山ごぼう」だ。ところが、岐阜県の東部では、江戸時代からもりあざみを育てて、山ごぼうではなく「菊ごぼう」という名前で売っているんだ。

ところがだ。「スコルツォネラ」注という、ヨーロッパ人が食べる根菜の和訳を、辞書やインターネットで調べると「菊ごぼう」なんだな。これをドイツ語では黒い根といって、皮は黒いけれど中は白く、食感はホワイトアスパラガスに似ている。ごぼうとも、もりあざみともちがう植物だよ。どこで話がこんがらがったのかなあ。野菜の名前をめぐるこういう話は、よくあるんだ。

ごぼうの花
「私にさわらないで」という花言葉を持っているけど、たくさんあるとげは、あとで動物にくっついて種を運んでもらうため。花が咲いているときはやわらかい。野原や畑のあぜ道などに生えている、あざみの花にそっくりだ。

注：スコルツォネラの正式の和名は「キバナバラモンジン」。キク科　スコルツォネラ属。

ごぼうの花ざかり

大きな葉は、時には新聞２ページぐらいにもなる。大人の背丈よりはるかに高くなるけれど、これでもごぼう１本分だよ。

原産地　ユーラシア大陸
日本への伝来　平安時代
縄文時代という説もある
中国から

収穫量（2013年公表）

日本全体		16.8万トン
1	青森県	5.6
2	茨城県	2.3
3	北海道	1.8

世界の統計はない。

畑のごぼう
収穫するころには地上の葉より根のほうが長い。

育てるのがたいへん

　ごぼうを栽培するのはたいへんだ。種をまいて育てるのだけど、こんなに細く長いものが土の中で育つわけだから、よほど深くたがやさないとだめだ。収穫するのもたいへんだよ。ごぼうぬきなんていうけど、引っぱったぐらいでは簡単にぬけないんだ。やっぱり深く掘らないといけない。だから、土をつめた細長い袋をたて向きにたくさん並べ、そこに種をまくか苗を植えて育てる人もいる。収穫するときは、袋を１本ずつ横だおしにして破ればいいんだ。苦労せずに収穫できる。でも、たくさん栽培する農家の人は、そんなことはしないよ。長い袋をたくさん用意するほうがたいへんだ。

　収穫せずにそのまま育てると、左の絵のように大きく茂って、まんなかから長い茎が出てきて花が咲く。そのころには、大人の背丈よりはるかに高くなるんだ。

れんこん　蓮根

ハス科 ***Nelumbo*** 属
Nelumbo nucifera 種
英名 **Lotus root**

れんこんははすの根

れんこんは漢字で書くと「蓮根」、つまりあの夢のような花が咲く「蓮」の根だ。はすは仏教と深いつながりのある植物なんだ。両方ともインドで生まれ、中国を通って日本に伝わった。はすのほうが先だったんだけどね。

お寺へ行くと、ひらひらのついた丸い台の上に仏像が乗っている。あの台は「れんげ座」という台で、はすの花をまねて作ったんだ。極楽にはいつもはすの花がたくさん咲いていて、仏さまはその上に座っていらっしゃると信じられているからだ。ひょっとしたら、極楽でもれんこんを食べているかもね。

ぼくたちが食べているれんこんは、水びたしにした泥んこの畑で育てるんだ。田んぼで稲を育てるのと同じだ。春先に、短く切ったれんこんを泥の中に植えると、ふしのところから新しいれんこんと葉っぱが出てくる。肥料をやり、雑草を取り、秋になると水をぬいて、泥の中から根を掘り出すんだ。時には腰まで泥につかる、つらい力仕事だよ。夏には大きな丸い葉がたくさん茂って、次から次へと花が咲く。そのころれんこん畑へ行くと、見わたすかぎりの緑の中に、無数の白やピンクの花が浮かんで、極楽かと思うほど美しいよ。

れんこんにはなぜ穴があるのだろう。あれはね、葉っぱの表面で取り入れた空気を根っこまで運ぶ穴だよ。だから、葉っぱのじくにも細い穴が通っている。水につかっているから、穴がないと息ができないんだ。じゃあ穴はいくつあるのだろう。じつは決まっていない。数えてみたら少なくても８つ、多いものは 18 もあったよ。もっとあるかもしれない。こんど食べるとき、数えてみるといい。

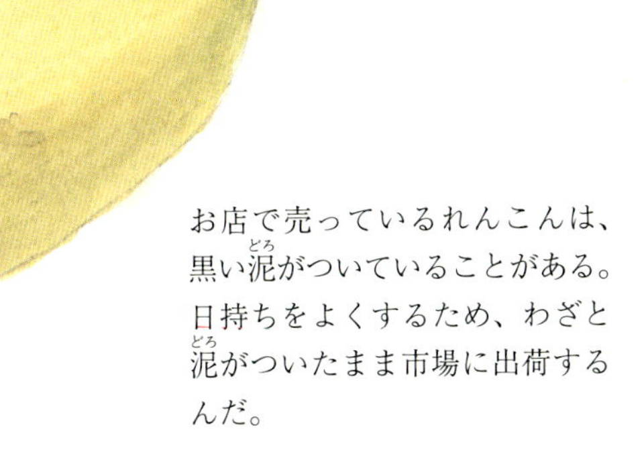

お店で売っているれんこんは、黒い泥がついていることがある。日持ちをよくするため、わざと泥がついたまま市場に出荷するんだ。

れんげ座

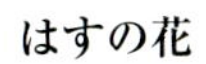

はすの花

食べるのに適した品種は、絵とちがい花がまっ白な品種が多い。

原産地	インド
日本への伝来	弥生時代以前 中国から

収穫量（2013年公表）

日本全体		62500トン
1	茨城県	30500
2	徳島県	7380
3	佐賀県	4420

世界の統計は見当たらない。

はすの実

若い緑色の実は、生で食べられる。東南アジアでは、かごに入れて売り歩いているのをよく見かける。中に見える種は甘味があって、あんこや甘納豆のようにして食べる人もいる。茶色く枯れたものは、ドライフラワーとしてもよく使われるんだ。なんだかジョウロの口みたいだね。縄田先生がよく行くタイでは、シャワーの口（タイ語でブワ）というそうだ。なるほど！　そっちのほうがぴったりだ。

2千年も眠っていたはす

植物学者の大賀一郎博士は、1951年に、千葉県にある2千年ぐらい前の泥地層から、はすの種を3粒発見した。博士は、2千年も泥にうまっていた種がひょっとしたら芽を出すかもしれないと考え、いろいろやってみた。なんと、一粒が芽を出したんだ。博士はそれを大事に育てて、ついに花を咲かせることに成功した。世界中の学者が驚いたこのはすは、「オオガハス」と名付けられて、千葉県の天然記念物に指定されている。今でも生きているよ。しかも、そのはすを株分けした子孫は、世界中で花を咲かせているんだ。絵と同じピンクのはすだ。

じつは地下茎

れんこんは、はすの根と書くけれど、本当は根ではない。たけのこのところで話した「地下茎」なんだ（45ページ）。本当の根は、絵のように地下茎のふしのところから出ている。

しょうが 生姜、みょうが 茗荷

シヨウガ科 ***Zingiber*** 属

Zingiber officinale 種（しょうが）英名 **Ginger**

Zingiber mioga 種（みょうが）英名 **Myoga**

みょうが
英語もミョウガ。

物忘れがひどくなる？

みょうがには、おもしろい言い伝えがある。おしゃかさまの生地のインドに古くから伝わるお話しだ。

おしゃかさまの弟子に、チューラパンタカという人がいた。物忘れがひどい人で、習ったお経をすぐ忘れる。仲間の弟子たちの名前だけでなく、自分の名前さえも忘れてしまうので、おしゃかさまが名札を作って首にかけておくようにといわれた。しばらくすると、首に名札をかけていることさえも忘れてしまい、自分の名前を人に聞いてまわった。その人が亡くなると、おしゃかさまと弟子たちを尊敬していた村人たちが手あつく葬った。するとお墓から見たこともない草が生えてきた。村の人たちはその草を、名前が荷物になるという意味の「ミョウガ」と呼ぶことにした。なにかご利益があるのではないかと、ためしに食べてみたら、物忘れがひどくなった、というお話しだ。

学校で、先生になぜ宿題を忘れたんだって聞かれたら、みょうがを食べましたっていえばいいんだ。でも、科学的な根拠はまったくない。逆に、みょうがの香りには集中力を増す働きがあることが、最近の研究でわかってきたんだ。だから、試験の前や試合の前に食べるといいそうだよ。いっておくけど、集中力の話だ。みょうがを食べておけば、勉強をさぼっていてもいい点が取れるという話じゃないからね。そんな野菜があればいいんだけどなあ。

料理の引き立て役

少ししか食べないけれど、ないと困る野菜がある。ざるそばにはきざみねぎ、おさしみにはわさびがつきものだ。こういう野菜は薬味野菜といって料理の引き立て役だ。からし、こしょう、パセリ、さんしょう、しそ。しょうがとみょうがもそうだ。でも、食べるところはぜんぜんちがう。しょうがは根っこや新芽を食べるんだけど、みょうがは花のつぼみを食べる。葉とは別に、地面からいきなりつぼみだけが出てくるんだ。花はどっちもランの花に似ていて、野菜の花の中では変わっている。でもランの仲間ではないよ。

しょうが
英語はジンジャー。

しょうがの花
みょうがとちがって、
ふつうに茎の先に咲く。
まっ白なものもある。

しょうが

原産地	熱帯アジア
日本への伝来	2～3世紀ごろ 中国から

収穫量（2013年公表）

日本全体	54600トン
1　高知県	24000
2　熊本県	6890
3　宮崎県	4220
世界全体	214.0万トン
1　インド	68.3
2　中　国	39.0
3　ネパール	23.5

日本と世界で数字の単位がちがうことに注意。みょうがの世界統計は見当たらない。

しょうが

若いものは、茎の赤いところも食べられる。「はじかみ」といって、お酢につけたものを焼き魚にそえたりして食べる。「はじかみ」は、しょうがの昔の名前（古名という）だよ。同時にさんしょうの古名でもあったんだ。ややこしいね。

みょうがとその花

つぼみは、茎とは別の場所に地面からいきなり出てくる。つぼみと茎は、たけのこと親竹のように、地面の下で地下茎でつながっている（45ページ）。茎の新芽も「みょうがたけ」といって、しょうがの新芽と同じように食べられるよ。

じゃがいも　馬鈴薯

ナス科　***Solanum*** 属
Solanum tuberosum 種
英名　**Potato**

細長くて、
でこぼこの少ない
品種。メークイン、
北海こがねなど

皮がさつまいものような色の品種。
レッドムーン、アンデスレッドなど。

ジャガタラいも

南の国のインドネシアに、ジャカルタという街がある。400年前、そこから船で長崎に交易に来たオランダ人が「ジャガタラから来ました」といって、おいしいいもを持ってきた。ジャカルタを、だれがどこでジャガタラと聞きまちがえたのかはわからないそうだけど、とにかくそれを「ジャガタラいも」と呼ぶことにした。それがいつのまにか、「じゃがいも」になったんだ。

でもね、本当はトマトと同じアンデスで生まれたんだ。有名な空中都市、マチュピチュの急なだんだん畑でも栽培していたそうだ。そのいもを16世紀にスペインの船乗りがヨーロッパに伝えたんだ。でも、ヨーロッパではいも類を食べる習慣がなかったのと、新芽や緑色になった皮に毒があることが大げさに伝わって、花を楽しむだけで、食糧としては普及しなかったんだ。フランスの有名な王妃マリー・アントワネットも、じゃがいもの花を愛したそうだよ。

そのころ北ヨーロッパでは麦の不作が続いて、食糧不足で飢え死にする人が出て困っていた。そこで、寒いところでも育つじゃがいもに目をつけ、食糧として育てはじめたんだ。今の北ドイツのあたりに、当時プロイセンという王国があった。国王のフリードリッヒ大王は、家臣の前で毎日じゃがいもを食べ、毒ではないことを証明して見せて、国民にじゃがいもの栽培をうながしたという話が残っている。ドイツ人のじゃがいも好きはそこからはじまったんだ。

注：108〜109ページのにんじんのところにじゃがいもの旅の地図がある。

原産地	南米チチカカ湖周辺
日本への伝来	17世紀 オランダから

収穫量（2013年公表）

日本全体	250.0万トン
1　北海道	193.8
2　長崎県	11.4
3　鹿児島県	8.9
世界全体	37645.3万トン
1　中　国	9594.1
2　インド	4534.4
3　ロシア	3019.9

丸くてでこぼこの多い品種。
だんしゃく、きたあかりなど。

じゃがいもの花
まっ白な花や、全部むらさきの花もある。なすの花に似ている。

歴史を作ったいも

ジョン・F・ケネディ元アメリカ大統領を知っているかな。人類初の月旅行を推し進め、アメリカの黒人の人権擁護に力を注ぎ、ソ連（今のロシア）との間の核戦争を、すんでのところで防ぎ、最後は暗殺された、有名な大統領だ[注]。

1840年代のヨーロッパでじゃがいもの伝染病がひろがり、食糧をじゃがいもに頼っていたアイルランドで、じゃがいもが全滅して飢え死にする人がたくさん出た。アイルランドの農民の多くは、故郷を捨ててアメリカへ移住した。その中に、ケネディ元大統領の4代前の祖先もいたんだ。だから、もしヨーロッパでじゃがいもの伝染病が流行していなければ、歴史に残る名大統領とうたわれたこの人は、アメリカには生まれていなかったんだよ。やっぱりアイルランドでじゃがいもを育てていたかもしれないんだ。

注：第35代アメリカ合衆国大統領（1961〜1963年）。カロライン・ケネディ駐日米国大使の父。

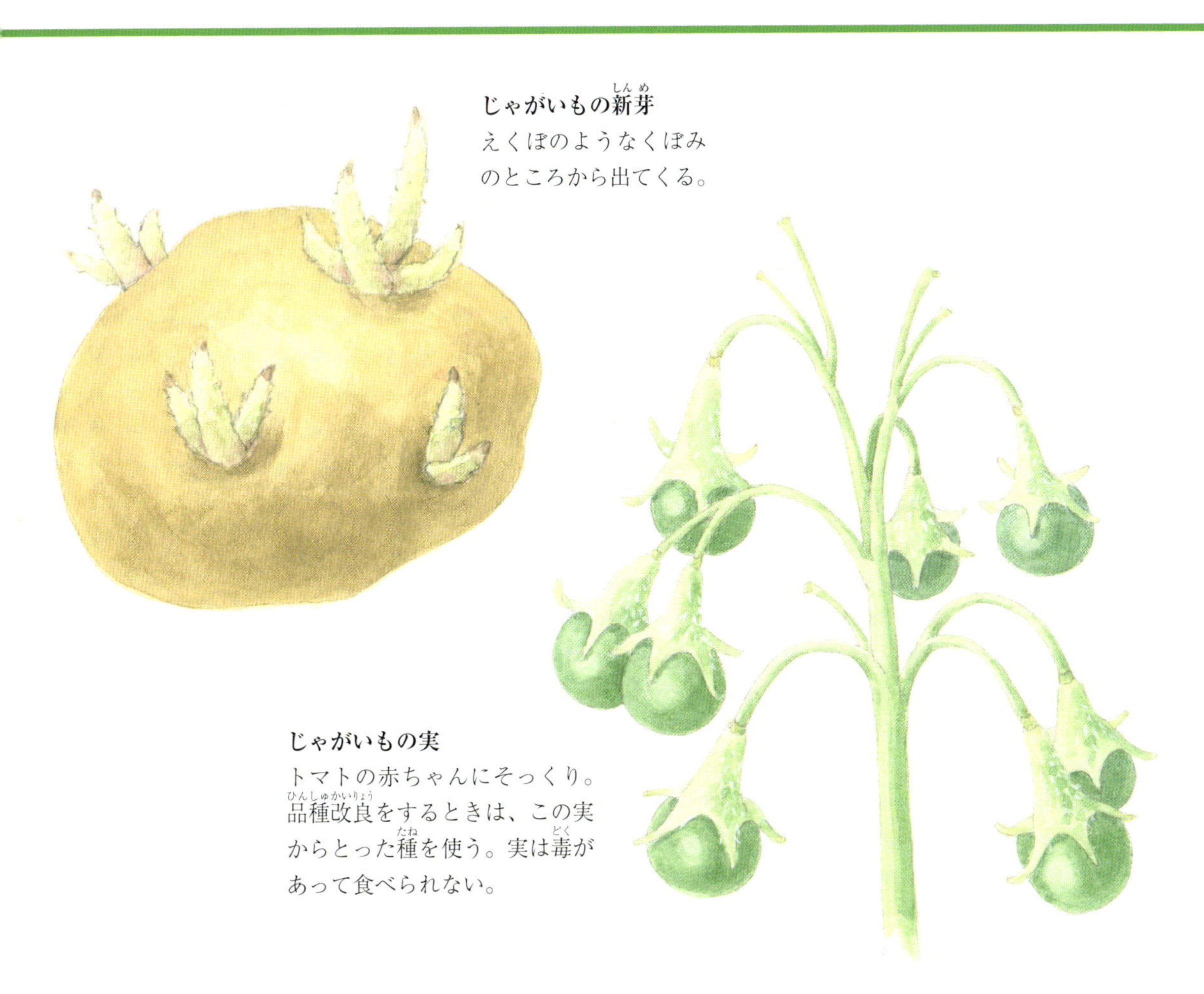

じゃがいもの新芽
えくぼのようなくぼみのところから出てくる。

じゃがいもの実
トマトの赤ちゃんにそっくり。品種改良をするときは、この実からとった種を使う。実は毒があって食べられない。

種をまくのではない

ほとんどの野菜は、種をまいて苗を育てる。じゃがいもも、花のあとに上の絵のような小さな実ができて、熟すと種がとれる。でも農家では種をまいたりはしない。じゃがいもをよく見ると、えくぼのようなくぼみがあるだろう。そこから絵のように新芽が出てくる。その新芽が出たいもを種のかわりに畑にうめる。これを「種いも」というんだ。左の絵の茎の下にある黒いものが種いものあとだよ。新しいじゃがいもは、長くのびた根のあちこちにできる。

じゃがいももプランターで育てることができる。もしお母さんが使い残したじゃがいもが野菜かごの中で芽を出したら、そのままうめておけばいいんだ。本当は園芸店で種いもを買うほうがいいけれどね。じゃがいもは伝染病にかかりやすい植物だけど、園芸店の種いもは病気になりにくいように処理してあるからだ。地方によって植える時期がちがうから、買う前によく聞いておくといい。トマトのような支えがいらないから、育てるのは簡単だよ。

一つ注意しておくことがある。うまく収穫できても、豆つぶのようないもは食べたらだめだよ。じゃがいもの新芽や、緑色になった皮や、未熟ないもには、ソラニンという有毒物質が含まれていて、食べると頭やおなかが痛くなったり、吐き気や下痢を起こすことがあるからだ。でも大きく成長したいもは、どんなにかたちが悪くても大丈夫だ。花もきれいだから育ててみるといいよ。

さつまいも　薩摩芋　甘藷

ヒルガオ科　*Ipomoea* 属　*Ipomoea batatas* 種
英名　**Sweet potato**

なぜ「さつまいも」なのか

さつまいもは、南米のペルーという国で生まれたんだ。じゃがいもやトマトが生まれたところとほぼ同じ地域だ。そのいもをスペイン人が船でフィリピンに持ち込んで、それがベトナムを通って中国に伝わって、琉球王国（今の沖縄県）経由で日本に伝わったという、これも長い長い旅の物語なんだ。

なぜ「さつまいも」という名前なのかというと、明治維新の前までは、今の鹿児島県と宮崎県の一部に、薩摩藩という大きな藩があった[注]。明治維新のときに中心になって働いた藩だ。東京の上野公園へ行ったことがある人なら、犬をつれた人の銅像を見たことがあるだろう。西郷隆盛といって有名な薩摩藩の武士だ。その藩の種子島という島で、琉球王国からもらってきたいもの苗を、日本ではじめて栽培したんだ。1698年という正確な年までわかっている。だから「さつまいも」というんだよ。種子島って、ほら、ロケットを打ち上げる宇宙センターがある島だ。

ところで右の絵を見て、これは朝顔じゃないかと思うだろう。これはさつまいもの花だよ。同じヒルガオ科の仲間だから、よく似ているんだ。でも朝顔とちがって、めったに咲かない。

注：藩とは、江戸時代に徳川幕府が認めた大名が治めた、今の都道府県のようなもの。

いのちの恩人

さつまいもは、やせた土地でも乾いた土地でもよく育つ。肥料も水も、少ししかいらない。とても丈夫な植物だ。だから昔から、日照りや寒い夏や戦争のせいで米が不作で、食べものがなくて困っている人たちを助けたのが、さつまいもなんだ。ぼくは戦前生まれで戦後の食糧難をよく知っている。そのころ都会では、学校の校庭までもがいも畑になったんだ。親父が空地で育てて、毎日いもばっかり食べていた。それでも空腹で、葉っぱや茎まで食べたんだ。だから今こうして無事に平和で豊かな時代を生きていられるのは、あのときのさつまいものおかげなんだ。もっとも、きらいになったのもそのせいだけどね。

どれも同じように見えて、いろんな品種がある。

原産地 ペルー

日本への伝来 1698年 琉球王国（今の沖縄県）から

収穫量（2013年公表）

日本全体		87.6万トン
1	鹿児島県	32.0
2	茨城県	18.1
3	千葉県	11.9
世界全体		10310.9万トン
1	中　国	7052.6
2	タンザニア	347.0
3	ナイジェリア	345.0

さつまいもの花

さつまいもの苗

この絵は園芸店で買った苗だ。元気な葉を１本だけ切り取って土につきさしておいても、根が出てどんどん育つよ。コップに入れた水に葉を入れて、根が出てから土に植えると、まちがいなく育つ。

育てるのはやさしい

さつまいももじゃがいもと同じで種をまくのではない。種いもから出てきた茎を、左下の絵のように葉を2、3枚つけて切り取って、土につきさしておくと、根が出てきて育つんだ。丈夫な植物だから、育てるのはやさしい。園芸店で元気な苗を買ってきて、土につきさしておくだけだ。プランターで育てるのなら、いちばん大きいプランターがいい。棒を立てて茎をひもでしばって登らせると、場所を取らなくていいんだ。畑ではそんなことはしないけれどね。さつまいもは「つる植物」だけど、朝顔のように自分で登る力はない。収穫するときがおもしろいんだ。茎を持ってひっぱると、左の絵のようにぞろぞろつながって出てくるよ。

畑のさつまいも

長いつるをのばしてどんどんひろがっていく。でも、棒を立てても、自分では登らない。葉っぱも葉っぱのじくも茎も、うまく料理すれば食べられる。

さといも　里芋

サトイモ科　*Colocasia* 属　*Colocasia esculenta* 種

英名　**Taro、Eddoe**

たけのこいも
親いもだけができて、
子や孫ができない。

壮大なドラマ（3）

壮大なドラマの話の続きをしよう。日本では、縄文時代の末ごろ（今から3千年ほど前）から稲を栽培しはじめたと考えられているけれど、さといもはそれよりずっと前から育てていたことがわかっているんだ。

東南アジアや大平洋の島々では、1万年ぐらい前からタロイモといういもを育てて食べてきた。さといもはそのタロイモの仲間だ。もともとはタロイモが日本に伝わり、野山に自生する山いもに対して、里で育てたから「さといも」と呼ぶようになったんだ。英語では両方とも「タロ」と呼んでいるよ。

タロイモを育ててきた地域を、「タロイモ文化圏」というんだ。さといもが存在する日本も、タロイモ文化圏の一部ということになる。そのいちばん北の端なんだ。ということは、ひょっとしたら日本人の祖先は、タロイモを舟に積んで大平洋の島々から渡って来た、海洋民族かもしれない。東南アジアからタロイモをかついで陸伝いに中国、台湾、沖縄を通って来たのかもしれない。日本に稲が伝わったのは、そのあとで、タロイモ（さといも）を水田で育てていたから稲もすんなり受け入れたといわれている。もちろん朝鮮半島から稲を持って来た人たちや、シベリアからかぶをかついで来た人たちもいただろう。つまり日本人はあちこちから来た人種のミックスなんだ。でも、たしかなことはまだよくわかっていない。縄田先生は熱帯アジアの農作物が専門だから、そのあたりをいつかもっと聞いてみたいと思っているんだ。おもしろい話がもっとたくさんあるにちがいないんだ。

親を食べる　子を食べる

さといもも、じゃがいものように種いもを植えるんだ。春に植えた種いもから葉が出て、その根もとが太って親いもになり、まわりに子どもや孫がたくさんできる。売っているさといもは、ほとんどが子や孫のほうだ。だからさといものことを「こいも」ともいうんだよ。子や孫がたくさんできるのは、「石川早生」や「どだれ」という品種だ。親いもだけができて、子や孫ができない品種もある。「たけのこいも」だ。「やつがしら」や「えびいも」という品種は両方できる。それから、葉っぱのじくも食べられる。「ずいき」といって、おだしで煮たり、おつゆに入れて食べるんだ。料理するとふにゃふにゃ、ぬるぬるで、どっちかというとお年よりの食べものだよ。

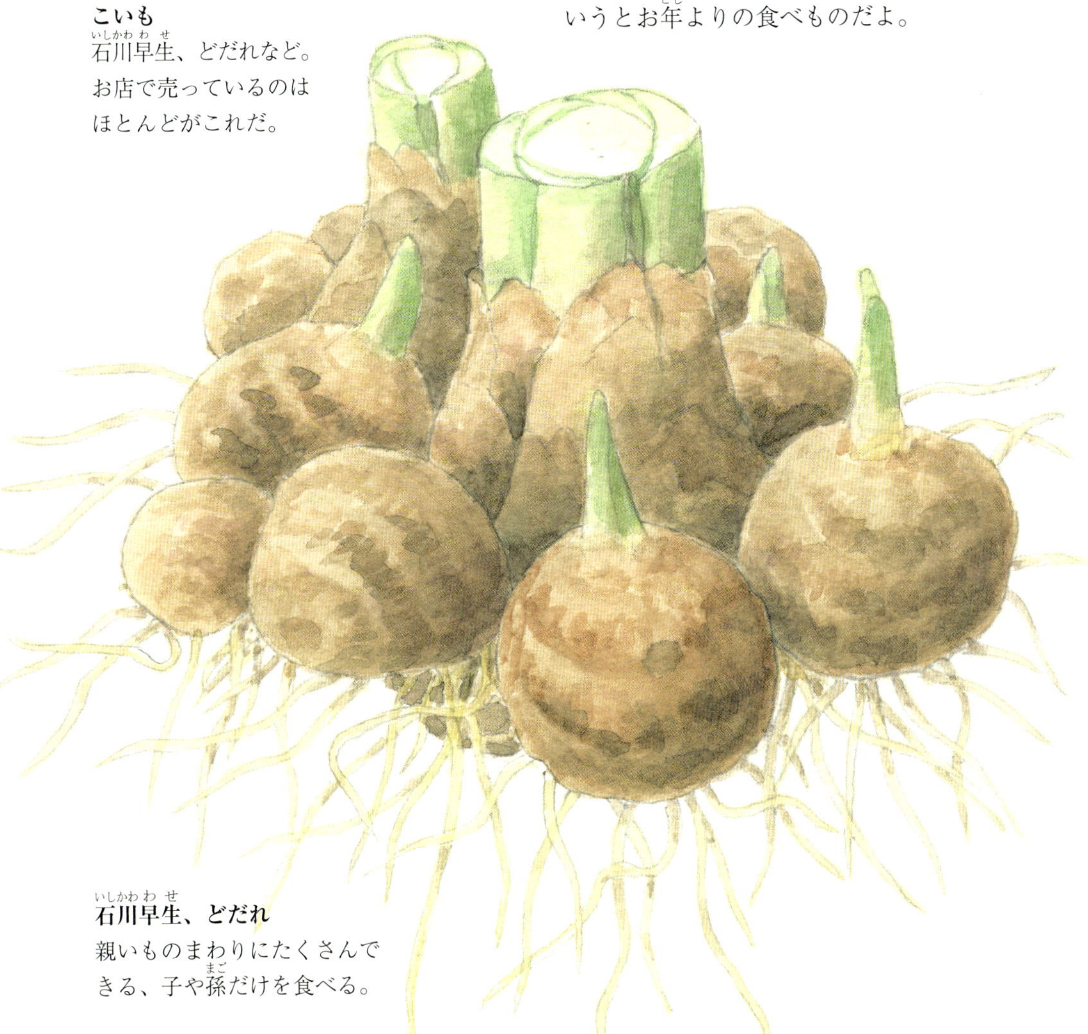

こいも
石川早生、どだれなど。お店で売っているのはほとんどがこれだ。

石川早生、どだれ
親いものまわりにたくさんできる、子や孫だけを食べる。

原産地　東南アジア
日本への伝来　縄文時代後期
収穫量（2013年公表）

日本全体	17.3万トン
1　宮崎県	2.6
2　千葉県	2.2
3　埼玉県	1.6

世界全体	1045.4万トン
1　ナイジェリア	390.0
2　中　国	180.0
3　カメルーン	155.1

世界統計はタロイモを含む。

畑のさといも

さといものことを、英語で「エッドー」ということがある。江戸が元だろうといわれている。でも欧米ではさといもをあまり食べない。イタリアでは食べるけどね。
タロイモもこの絵にそっくりだ。でも稲のように水田でも育つ。さといもは水田ではなくふつうの畑で育てるけれど、南から来た植物だから、寒さや乾燥に弱い。

字が上手になる？！
葉にたまった朝つゆですみをすって習字をすると、字が上手になるそうだ。昔からの言い伝えだ。朝つゆが消えないほど朝早く起きて、練習しなさいっていうことさ。

さといもの花
日本ではめったに咲かないめずらしい花。東南アジアではこれとよく似たタロイモの花のつぼみを食べる人たちもいる。

トトロのかさ

さといもの葉はすごく大きい。新聞を２ページ広げたぐらいになることもあるんだ。おまけに上の絵のように水をよくはじくので、かさのかわりになる。

宮崎駿監督のアニメーション『となりのトトロ』は知っているかな。雨の夜、サツキとメイがバス停でお父さんの帰りを待っていると、暗やみの中から大トトロが現われ、だまって横に立つ。あのときトトロが頭に乗せていたのが、たぶんさといもの葉だよ。かさのつもりなんだ。東南アジアでは、いろんなものをタロイモの葉で包んで蒸し焼きにしたり、日本の竹の皮のように食べ物を包んだりするのによく使うんだ。

こんにゃく　蒟蒻

サトイモ科　***Amorphophalls*** 属
Amorphopalls konjac 種
英名　**Konjac、Devil s tongue、Ellephant foot**

こんにゃくのことを、英語で「悪魔の舌」という。花が悪魔の舌に似ているからだそうだ。ぞうの足と呼ぶこともある。そういえば、いもはぞうの足に似ている。こんにゃくを食べるのは、東アジアの国々だけだ。いもをそのまま料理して食べる国もある。

こんにゃくいも

黒いつぶつぶは、
アラメなどの海草を
きざんでわざと入れてある。

藤右衛門さんの発明

あのべろんべろんのこんにゃくは、こんにゃくいもで作るんだ。作りかたは、まず絵のようないもを薄く切って乾かしてから粉にする。その後、熱いお湯の中に、その粉と石灰を入れて、どろどろにかきまぜてゼリーのようにかためるんだ。

この方法は、1776年に、水戸藩（今の茨城県）の藤右衛門さんという農民が発明したんだ。それまで水戸藩ではこんにゃくいもをたくさん栽培していたけれど、生のまま加工していたので、遠くまでは運べなかった。原料を粉にすることで、こんにゃくが遠くの藩でも売れるようになって、水戸藩が豊かになった。水戸の殿様が喜んで、藤右衛門さんに名字を持っていい、麻のかみしもも着ていい、刀もさしていいといった。当時は農民には名字がなく、諸沢村の藤右衛門と名前で呼んでいたんだ。侍のように刀をさすことも、かみしもを着ることも許されていなかった。かみしもって、ほら、時代劇で侍が着ている、肩が三角に張った着物だよ。それで藤右衛門さんは中島藤右衛門と、名字をつけて呼ばれるようになったんだ。

原産地	インドシナ半島
日本への伝来	6世紀中期 朝鮮半島から

収穫量（2013年公表）

日本全体		67000トン
1	群馬県	61700
2	栃木県	2010
3	茨城県	932

群馬県が9割以上を占める。

世界の統計は見当たらない。

世界一大きな花

インドネシアの森に自生する「スマトラオオコンニャク」の花は、世界最大の花だ[注]。

ギネスブックが認めた記録は、高さ3.1メートル、直径1.5メートルだよ。英国の王立園芸協会という団体が世界の花の人気投票をやったら、世界で最もみにくい花に選ばれたんだ。おまけに、世界一臭い花だそうだ。でも、くさいのは子孫を残すための知恵だよ。強いにおいで虫を呼びよせて、花粉を運んでもらうんだ。日本でも育てている植物園があるけれど、6～7年に一度、2～3日間しか咲かない。

スマトラオオコンニャク

注：単独の花としてはラフレシアが世界最大。こんにゃくは花びらのように見えるものの中に無数の小さな花が咲く。

へんな植物

こんにゃくは変わった植物だ。種いもを植えると１年で木のように育つけど、花は咲かない。秋には地上の葉は枯れてしまう。多年草なんだ。畑ではいもを一度掘り出して、春にまた植えなおす。次の年も花は咲かないよ。いもは年ごとに大きくなって、ふつうは３年ほどで収穫するんだ。でも、収穫せずにそのまま放っておくと、４年か５年目に、新芽が出るはずの場所からいきなり花だけがにょきっと出てくる。花びらに見えるのは「仏炎苞」というもので、本当の花は、仏炎苞の中に無数の小さな花がかたまって咲くんだ。そしてにおいに集まった虫が花粉をつけて、無数の種ができる。いものほうは養分を使い果たして一生を終えるけれど、また新しい芽を出すこともある。

こんにゃくの葉っぱ
木のように見えるけど、木ではない。縄田先生がいうには、なんと、全体が１枚の葉なんだ。幹に見えるのは「葉茎」という葉っぱのじくだ。１年で枯れて、次の年にはまた出てくる。

野菜はどれも美しい

世界で最もみにくいといわれているこんにゃくの花。でも本当にそうだろうか。どうして大勢の人たちがこの花をそんなにみにくいと感じるのだろう。見た目だけで判断するからではないかなあ。

ぼくはこの花を、美しいと感じる。なぜなら、一生懸命生きているからだ。4、5年もの長い間、土の中で黙々と育って、やっと地上に出て、虫たちを呼びよせるために咲いた花だ。こんにゃくは人間に美しいものを見せてやろうなどとはこれっぽっちも思っていない。自分の子孫を残すために、一生懸命やっているだけだ。だからこそ美しいのだと思う。

野菜はどれもみんな、美しい。じっくり見て描いていると、つくづくそう思うんだ。たとえ短い命ではあっても、一生懸命生きている姿にみにくいものなどない。野菜かごで芽を出したじゃがいも、歯ぬけのとうもろこし、「し」の字に曲がったきゅうり、どれもみんなそうだ。

それなのに、何枚描いても本当の美しさが絵には出てこない。どうしたら、あんなに生き生きとした姿に描けるのだろう。目で見たことを画用紙にコピーしているだけで、心で見たことを絵にすることが、まだちゃんとできていないからだよ、きっと。

みんなも、ぜひ本物の野菜をじっくりながめて見るといい。きっと「どうしてこんなに美しいかたちになるのだろう」と思うだろう。そう思ったら、自分でいろいろ調べてみるとおもしろいよ。できれば絵を描いてみるといいんだ。

さて、これで縄田先生とぼくの話は終わりだ。どうだ、どこかで「へえー、なるほどね」って思ってもらえたかな。そうだとうれしいんだけどな。

本書を手にとっていただいた保護者の皆さまへ

農学に関してはまったく門外漢の私がこの本を出そうと思ったきっかけは、あるテレビ番組です。何種類かの野菜の絵を子どもに見せ、正しい絵を選んでもらうという番組でした。４枚の落花生の絵の中から、地中で育つ絵を選んだ子どもは、３割に至りませんでした。にんじんがきゅうりのように空中にぶらさがっている絵を選んだ子どもも、少なくありません。

番組では若いお母様方にも同じ絵を見せていましたが、まちがって選ぶ方が意外に多いのです。考えてみれば、都会育ちの多い日本では当然かもしれません。知らなくても日常生活には何の支障もなく、また知ろうともしません。しかし、このような身の回りの小さなことに、「これはなんだろう」と興味を持ち、「なぜだろう」と疑問を抱き、知りたくなることが、子どもが持っている大きな潜在能力を引き出すきっかけになるのだと思います。

この「知りたくなるように働きかける」ことこそ、保護者の方々をはじめ私たち大人の仕事であり、子どもに託す夢です。そこで、この絵本を書くことを思いついたのです。子どもたちには、この本から単に豆知識を得るだけでなく、これをきっかけにして「もっと知りたくなる」ことを願っております。

しかし、子ども向けの本を書くことが、これほど難しいとは思いもよりませんでした。まず、こんな絵で、はたして子どもがよろこんで見てくれるだろうかと自信が持てませんでした。難しい専門用語を、どう子どもにわかりやすく説明するのかにも、悪戦苦闘いたしました。多くの方々のご協力がなければ、この本はできていません。

監修をしていただいた京都大学の縄田栄治先生をはじめ、水彩画の手ほどきをしてくださった水野一先生、植物画を教えてくださった高木唯可先生、辛抱強くわがままを許してくださったメディカ出版編集局の皆さまに、この場を借りて厚く御礼を申し上げます。

2016 年 4 月　　柳原明彦

参考文献

1）北村四郎ほか. 原色日本植物図鑑：木本編１. 保育社，1971，538p.
2）北村四郎ほか. 原色日本植物図鑑：木本編２. 保育社，1979，630p.
3）北村四郎ほか. 原色日本植物図鑑：草本編１. 保育社，1957，378p.
4）北村四郎ほか. 原色日本植物図鑑：草本編２. 保育社，1961，470p.
5）北村四郎ほか. 原色日本植物図鑑：草本編３. 保育社，1964，580p.
6）農林水産省. 作物統計：作況調査 確報（統計表一覧）.〔URL　http://www.maff.go.jp/j/tokei/kouhyou/sakumotu/sakkyou_yasai/index.html〕.
7）国連食糧農業機関（ＦＡＯ）統計データ.〔URL　http://www.fao.org/japan/jp/〕.
8）野菜情報サイト「野菜ナビ」.〔URL　http://www.yasainavi.com/〕.
9）全国農業協同組合連合会.〔URL　http://www.zennoh.or.jp/〕.
10）タキイ種苗株式会社.〔URL　http://www.takii.co.jp〕.

著者プロフィール

柳原明彦（やなぎはら・あきひこ）

植物イラストレーター

1937年生まれ
1962年　京都工芸繊維大学工芸学部意匠工芸学科卒業
1963年　米国コネティカット州ブリッジポート大学工学部工業デザイン学科卒業
1963年　同学科 専任講師（工業デザイン）
1968年　京都工芸繊維大学工芸学部意匠工芸学科 専任講師（工業デザイン）
1976年　文部省在外研究員として ドイツ・ハンブルク工芸大学で研究
2001年　京都工芸繊維大学工芸学部造形工学科 教授（プロダクトデザイン、クラフトデザイン）
　　　　を定年退官　　現在 同大学名誉教授
2002年　英国 ブライトン大学美術学部 客員教授
2003年　スリランカ モラトワ大学建築学部デザインコース 客員教授
　　　　（国際協力事業団〈JICA、現 国際協力事業機構〉派遣ボランティアとして）

監修者プロフィール

縄田栄治（なわた・えいじ）

京都大学大学院農学研究科教授

1955年生まれ
1977年　京都大学農学部農学科卒業
1979年　同 大学院農学専攻修士課程修了
1981年　同 大学院博士課程中途退学
1981年　京都大学農学部 助手（熱帯農学）
1983年　国際協力事業団（JICA、現 国際協力事業機構）派遣専門家として、
　　　　タイ カセサート大学滞在（～1984年）
1992年　京都大学農学部 助教授（熱帯農学）
1997年　京都大学大学院農学研究科 助教授（熱帯農業生態学）
2007年　同 教授（熱帯農業生態学）

絵で見るシリーズ
調べてなるほど！　野菜のかたち

2016年6月10日発行　第1版第1刷

監　修　縄田 栄治
著　者　柳原 明彦
発行者　長谷川 素美
発行所　株式会社 保育社
〒532-0003
大阪市淀川区宮原3－4－30
ニッセイ新大阪ビル16F
TEL 06-6398-5151　FAX 06-6398-5157
http://www.hoikusha.co.jp/
企画制作　株式会社メディカ出版
TEL 06-6398-5048（編集）
http://www.medica.co.jp/
編集担当　二畠令子／利根川智恵／粟本安津子
装幀・組版　株式会社明昌堂
印刷・製本　株式会社シナノ パブリッシング プレス

ISBN978-4-586-08561-3　Printed and bound in Japan